# 驶向深蓝

# 纵横九万里

赵建东◎编著

青岛出版集团一青岛出版社

# 总　序

1888 年 12 月 17 日，我国近代规模最大的海军舰队在山东威海卫刘公岛成立。这支军队的建立实在迫于当时的形势与国情。这要从第一次鸦片战争说起。

1840 年，英国以"虎门销烟"事件为借口，发动了第一次鸦片战争。此役，清政府一败涂地。英国得了银子，占了香港。1856 年，英国和法国为扩大在华利益，分别以"亚罗号"事件和"马神甫"事件为借口，发动了第二次鸦片战争。清政府又一次割地赔款。

落后就要挨打，面对风雨飘摇的弱者，谁都想分一杯羹。1874 年，日本以"牡丹社"事件为借口出兵我国台湾。结果，清政府自知实力不足、海防空虚，且新疆亦有纷争，不欲战事扩大，遂赔款 50 万两白银。

台湾战事令清政府朝野震怒：前两次打不过英、法，此次"日本东洋一小国"又寻衅生事，怎能咽下这口气？危机意识刺激着清政府，一场近代海防建设的大讨论激烈展开。恭亲王提出"练兵、简器、造船、筹饷、用人、持久"等 6 条紧急机宜；李鸿章献上洋洋万言的《筹议海防折》，提出要进装备、强海防；丁日昌则建议建立三洋海军。总理衙门综合各方面的意见，提交了实施方案。清政府基本同意创设三支海军的奏请。光绪帝特命北洋大臣李鸿章创设北洋水师。

李鸿章即着手筹办北洋海军，通过英国人赫德在英国订购了 4 艘蚊船。1876 年 11 月，"龙骧""虎威""飞霆""策电"4 艘蚊船抵达天津后南下福建。"龙骧""虎威"二船驻防澎湖，"飞霆""策电"随水军操练。因确信蚊船的质量，李鸿章又订购了 4 艘，分别命名为"镇东""镇西""镇南""镇北"，留北洋接受调遣。1879—1881 年，清政府又向英国、德国订造"扬威""超勇"两艘撞击巡洋舰以及"定远""镇远"两艘铁甲舰。

促成清政府决心设立海军的是中法战争。1883 年 12 月至 1885 年 4 月，法国陆海两路进攻我国。法国舰队尤其肆无忌惮，在福建、浙江沿海一带击沉或击伤清战舰多艘，令清政府受到极大刺激。光绪下谕"惩前毖后，自以大治水师为主"，决定设立海军衙门。

此后 3 年，清政府海防事业迅速发展，从英、德等海军强国购置了鱼雷艇、巡洋舰等多种海军装备。1888 年 12 月 17 日，清政府在山东威海卫刘公岛成立海军舰队，史称"北洋水师"。我国近代海军装备发展由此掀起一个高潮。

北洋水师作战舰艇的总吨位超过 3 万吨，一度使我国跃居海军大国的行列，在亚洲地区首屈一指。有人专门为这支队伍谱写了一首军歌：

> 宝祚延麻万国欢，景星拱极五云端。
>
> 海波澄碧春辉丽，旌节花间集凤鸾。

好景不长。几年后，北洋水师在甲午中日海战中惨败，清政府被迫签订不平等的《马关条约》，割让台湾岛、澎湖列岛等给日本，赔款2亿两白银。自此，西方列强对中国这块"肥肉"更加垂涎三尺，欲进一步瓜分。1900年，八国联军在天津集结，攻占大沽炮台，进而占领北京，逼迫清政府签下近代史上赔款数额最大、主权丧失最多、精神屈辱最深、给中国人民带来空前灾难的不平等条约——《辛丑条约》。海洋上的失利，就这样持续戳痛着中国人的心。

青年时代的毛泽东曾专程跑到天津大沽口，深沉地指着大海说："过去，帝国主义侵略中国大多从海上来。中国有海无防，帝国主义国家如同行走内河，屡屡入侵中国领土。"

近代百年的历史，给予中华民族刻骨铭心的教训——"向海而兴、背海而衰；不能制海、必为海制"；更使国人坚定了一种信念——"海洋兴，则国兴；海洋衰，则国衰"。

目光投向海洋，崛起离不开海洋。新中国成立前夕的1949年8月，毛泽东为华东军区海军题词："我们一定要建设一支海军。"1953年2月19日，毛泽东首次视察海军部队，乘军舰航行4天3夜，为"长江""洛阳""南昌""黄河""广州"5艘军舰题词："为了反对帝国主义的侵略，我们一定要建立强大的海军。"他的许多海洋发展思想陆续形成："把一万多公里的海岸线建成'海上长城'"，"必须大搞造船工业，大量造船，建立海上铁路"，"过去在陆地上，我们爱山、爱土，现在是海军，就应该爱舰、爱岛、爱海洋"，"核潜艇，一万年也要搞出来"……

这些思想，既面向世界、反对侵略，又立足国家需求、改变了传统的重陆轻海观念。同时，这也构筑了海洋事业发展的丰富内涵，奠定了中国海洋事业发展的基础。

百年砥砺奋进迎来百年沧桑巨变。勤劳勇敢的中国人民辟除榛莽、乘风破浪，纵横九万里，潜航一万米，奋楫千重浪，决战新要地。深邃浩渺的海洋迎来了中国人的航母、军舰、科考船、海洋卫星、潜水器、跨海大桥、海底隧道、海洋生物医药、淡化海水、石油钻井平台、高效港口……这正是：

> 虎门销烟气氤氲，帝国主义战舰侵。
>
> 山河破碎泪无限，沧海怒波血有魂。
>
> 百年漫漫风云路，万众拳拳赤诚心。
>
> 开辟天地换日月，向海图强定乾坤。

# 目　录

第一章　扬帆远洋

## 中国"向阳红"

迎接"向阳红" / 003

一代"向阳红" / 005

"天字一号"任务 / 007

"向阳红 09"历经风雨 / 012

"向阳红 14"船乘风破浪 / 015

首艘国产万吨级考察船 / 018

国家海洋调查船队成立 / 020

新时代"向阳红"开启新征程 / 022

"东征西战"的"向阳红 10" / 024

新"向阳红"的新风采 / 027

新一代"向阳红"的环球科考 / 031

勇立潮头的"向阳红" / 037


## "大洋一号"风雨录

接船入列 / 041

进军三大洋 / 044

十年大洋行 / 046

## 新的"深海""大洋"

老船新生 / 051

"深海"载"三龙" / 053

"大洋号"全球行 / 056

### 第二章　两极利器

## 冰雪之地向阳红

法国之约 / 062

初探南极 / 064

崛起长城站 / 066

## 冰封"极地"

奋力建"中山" / 072

两船征南极 / 076

## "龙"行天下

迎接"雪龙" / 078

一"龙"跨两极 / 082

"不可接近之极" / 085

国际大救援 / 087

"雪龙"迎来亲切的慰问 / 092

"双龙"探极 / 093

## 中国雄"鹰"

首架"雪鹰"入列 / 102

首飞中山站上空 / 104

"雪鹰601"登上历史舞台 / 106

内陆试飞 / 108

跨越1300千米的着陆 / 110

## 第三章 九天瞰海洋

### 呼唤海洋卫星

海洋遥感提上日程 / 114

呼吁海洋卫星立项 / 116

### 系列卫星

首颗海洋卫星发射 / 118

米级到厘米级的跨越 / 120

"高分三号"填空白 / 121

"海洋一号 C"升空 / 124

### 走向国际

中法"混血"海洋卫星 / 126

在实践中跃升 / 129

### 后 记 / 132

# 引 子

曾经读过一则故事。

一位农民与一位准备远航的水手交谈。农民问:"你的父亲是怎么死的?"

"出海捕鱼,遭遇风暴,死在海上。"

"你的祖父呢?"

"也死在海上。"

"那么,你还去航海,不怕死在海上吗?"

水手问:"你的父亲死在哪里?"

"死在床上。"

"你的祖父呢?"

"也死在床上。"

"那么,你每天睡在床上,不害怕吗?"

生命的意义是什么?人的一生该怎样度过?水手的惊天一问,似晴空霹雳,震撼人心。

俯仰天地万物:春柳夏荷,秋菊冬梅;飞鹰翔长空,游鱼翔深海;流星划出精彩,昙花绽放美丽;穿花蛱蝶深深见,点水蜻蜓款款飞;五岳巍峨睥睨群丘,汪洋恣肆笑傲百川 …… 花荣花枯,潮起潮落,自然万物皆显光芒。

纵观历史长河:乘风破浪,壮志凌云;笔落惊风雨,挥毫如云烟;易水风骨犹在,黄花浩气长存;七下西洋破重浪,尝遍百草著医书;虎门销烟壮怀激烈,甲午海战豪气干云 …… 悠悠华夏,沧海桑田,人生一世多有华章。

为独特而绽放的生命,便自由奔放;为理想而奋击的人生,才无怨无悔。

宗悫年少时,与叔叔宗炳谈论人生。

宗炳问他:"长大想做什么?"

宗悫头一仰:"我愿乘长风,破万里浪。"

宗炳惊愕。

自幼即有宏图大志的宗悫,长大后叱咤疆场,成为南北朝时期宋国的名将。

乘风破浪，便成为奋斗者的代名词。上下五千年，纵横九万里。任何时代，任何环境，奋斗的人生总是闪亮的。王勃"有怀投笔，慕宗悫之长风"，李白"长风破浪会有时，直挂云帆济沧海"。不是每个人都因为贪恋温床而长生，也不是每个人都因为敢于拼搏而短命。留迹于天地间，总要有点惊人之举。文王拘而演《周易》；仲尼厄而作《春秋》；屈原放逐，乃赋《离骚》；左丘失明，厥有《国语》；孙子膑脚，《兵法》修列……上述圣贤都身处逆境而奋发作为，展现了可贵的生命之光。

　　乘风破浪，也是砥砺前行的主旋律。大海的波澜考验着勇士的毅力，激发着英雄的斗志。精卫衔微物以填沧海，矢志不移、百折不挠。郭琨七下南极，突破重重巨浪，越过层层坚冰，组织和参与建成长城站、中山站。黄旭华研制核潜艇的年代到处惊涛骇浪，他俯下身做中流砥柱，埋首 30 年，无声，但有无穷的力量。

　　乘风破浪，更应该成为新时代弄潮儿的英雄本色。时代呼唤担当，建设海洋强国是海洋工作者的责任。在建设海洋强国的征途中，即使有急流险滩，有惊涛骇浪，也要有敢于应对重大挑战、抵御重大风险、克服重大阻力、解决重大矛盾的奋斗精神。在奋斗的道路上，劈波斩浪，开拓前进，保持初生牛犊不怕虎、越是艰险越向前的刚健坚毅，勇于中流击水，争做时代弄潮儿。真的猛士都是攻坚克难者、时代弄潮儿，因为强者总是从挫折中不断奋起、永不气馁。

　　海洋这本书是读不完的。文艺家撷取文化，思想家撷取哲理，探险家撷取奋斗，科学家撷取研究，旅行家撷取历程，政治家撷取资源……但无论抽象的、具体的，还是实用的、借鉴的，都需要千淘万漉，才能披沙拣金。

　　"一滴水可以反映出太阳的光辉。"本书将新中国成立以来在大洋科考船、极地船舶和海洋卫星领域的发展以及发展背后的奋斗故事呈现出来，展示我国海洋强国建设历程，以飨读者。

# 第一章　扬帆远洋

1978 年,科学的春天来了。3 月 18 日,全国科学大会在北京召开。

当时中国,百业待兴。

1976 年 5 月,国家海洋局的"向阳红五号"科学调查船成功突破岛链封锁,完成了首次远航南太平洋的科学调查任务,又于 1977 年 9 月完成首次东海大陆架调查任务。海洋科学在全国科学领域异军突起,成就斐然。以此为基础,在 1978 年的这次具有历史意义的全国科学大会上,国家海洋局明确提出了"查清中国海,进军三大洋,登上南极洲"的战略目标。

从此,中国人驶向深蓝……

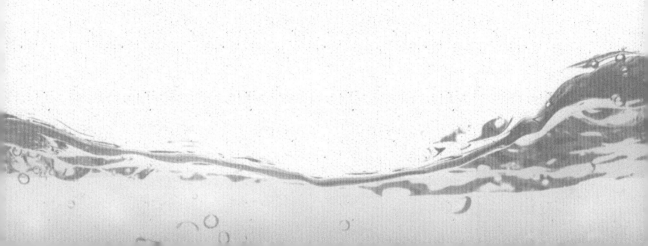

# 中国"向阳红"

1978年4月22日凌晨,南太平洋上传出一个好消息:第三次远征南太平洋的我国科考队员在埃利斯群岛以西约4784米的深海,采集到5枚黑褐色球状矿石。这是中国在大洋采集到的第一份锰结核样品。

锰结核是沉淀在大洋底的一种矿石,表面呈黑色或棕褐色,形状为球状或块状,含有30多种金属元素。其中,铜、钴、镍等金属元素是陆地上紧缺的矿产资源,具有商业开发价值。锰结核广泛分布在世界各大洋,以太平洋和印度洋的洋底为主。

《英国挑战者号航行科学成果报告》

1872—1876年,英国挑战者号开展了世界首次环球海洋调查。在大西洋某海域,考察队员意外地从3000多米深的海底捕捞到一种奇怪的球状矿石。这种矿石是锰结核矿球。1880—1896年,《英国挑战者号航行科学成果报告》出版,为现代海洋科学奠定了基础,那次调查也成为世界性蓝色圈地运动的起点。

后来,欧美一些先进国家和日本、苏联等做了大量的科学调查,积极勘探锰结核。美国的大公司在中太平洋最有前景的区域圈定了4个矿区。苏联、日本、法国、印度也分别在太平洋、印度洋圈定了自己的矿区。

锰结核

我国的这次样品采集,是在英国挑战者号考察船环球海洋考察100多年后,圆了我国海洋地质学家的深海梦,获得了我国第一份锰结核样品(共5份)。这份得来不易的"国宝",为后来我国向联合国国际海底管理局申请国际海底资源开发资格奠定了重要基础。执行这项重要任务的船只,是第一代"向阳红"系列船中的"向阳红五号"船。

"向阳红",听着响亮,意境深远,带有明显和浓厚的时代色彩,自登上中国的历史舞台起,就乘风破浪,远航极地大洋。时至今日,"她们"仍然是我国海洋科考的"尖兵利器"。

## 迎接"向阳红"

1969年3月中旬,张志挺根据国家海洋局东海分局的组织决定,从宁波(东海分局驻地)到位于上海的江南造船厂去接船,并担任该船船长。

那是国家海洋局1964年成立后设计制造的第一艘千吨级的海洋综合调查船。张志挺的任务就是向厂方和接船小组传达上级的指示精神:任务重大,要起进度、保质量,排除干扰,抓好安全,以实际行动迎接中国共产党第九次全国代表大会召开。

当时,情况比较特殊,既没有任命海洋综合调查船的政委,也没有任命副船长,张志挺就带着轮机、观通(观察通信)、气象等部门负责人,赶赴江南造船厂。他恨不得立即开展工作,心中的迫不及待与火车的缓速行驶形成了鲜明对比。

江南造船厂鸟瞰图

满怀豪情地来到船厂,张志挺却看到了与脑海中想象的画面截然不同的场景:"海洋综合调查船"整个船身覆着厚厚的黄锈,静静地躺在船台,无人问津。船上没有一块新钢板,到处都是灰尘,有些地方还结了蜘蛛网。

1982年之前,国家海洋局由海军代管,那艘"海洋综合调查船"是"文革"前国家海洋局报请国务院和海军相关部门批准建造的。开工不久便赶上了"文革",工厂造船的进度迟滞不前。

张志挺看到躺在船台的船锈迹斑斑,心里很不是滋味,深感肩上的担子沉重。如果完不成任务,造不好船,对不起党,对不起国家,对不起人民。

张志挺很快进驻船厂，什么事情都去催、去跑。造反派都去抓"革命"了，厂里的生产没着落，张志挺的接船小组就成了"帮工"和"监工"，几乎天天跑工厂，跑驻军代表室，找监造师、技术员……白天，他们和船厂工人搬运、除锈、打油漆；晚上或者周末，他们轮流到一些老工人家里慰问，帮助他们解决一些生活困难。

张志挺

1969 年下半年的一天，张志挺接到东海分局电话："正在建造的船定名为'向阳红 01'。"张志挺一传达这个消息，在场的人群情激昂，认为船名起得好，既体现了时代特色，又大气磅礴，有深远辽阔之感。

经过几个月连续奋战，躺在船台上的船终于"起死回生"，张志挺紧揪着的心才放下来。

接到舷号命名时，上级领导对舷号的字体、颜色、尺寸大小均未有具体要求。在接船小组会上，大家你一言，我一语，纷纷提出自己的建议。

张志挺建议，毛主席是我们心中的"红太阳"，那就从毛主席的手书中集出这 3 个字，再放大、拼起来，临摹到船艏上。这项任务交给了预报员王士达，他是模仿毛主席字体的"高手"。

1969 年 12 月 14 日，"向阳红 01"船出厂投入使用，归东海分局管理。船长 65.22 米，型宽 10.2 米，型深 4.8 米，总吨达 823.94 吨，最大航速 15 节（1 节等于每小时 1 海里，1 海里约 1.852 千米），经济航速 13 节，最低航速 9 节。

"向阳红 01"船

"向阳红 01"船在试航。

每当停靠在上海吴淞码头或虬江码头时，蓝灰色船身和红色"毛体"船名"向阳红01"在海天的映衬下便格外醒目，常会吸引水兵们跑过来，向着船上的雷达、天线和甲板设备东张西望，合影留念。小炮艇和登陆舰上的领导不得不宣布了一条纪律：未经许可，不得到"向阳红 01"船参观。

1970 年冬季，"向阳红 01"船奉命执行我国第一次大规模渤海海冰综合调查任务。历时 3 个月，它完成了高空探测、海面气象、水文、化学、海冰取样等多项调查，为渤海海冰预报、海冰研究及海上交通与沿海生产活动提供了宝贵的第一手资料。

随后，"向阳红"序列海洋调查船舶相继登台，调查中国海、进军三大洋、登上南极洲，为我国社会主义建设贡献着海洋力量。

## 一代"向阳红"

第一代"向阳红"序列船包括："向阳红 01"型、"向阳红 02（03）"型海洋水文天气船，"向阳红 06"水声考察船，"向阳红 07（08）"型海洋综合调查船，"向阳红五号"、"向阳红 09（14、16、18、21）"型、"向阳红 10"型远洋科考调查船等。

1968 年，广州造船厂开工建造两艘海洋水文天气船，1972 年 5 月试航交船，取名"向阳红 02"和"向阳红03"。"向阳红 02"船于 1983 年 2 月更名为"中国海监 71"船，1997 年 8 月退役。"向阳红 03"船于 1984 年 9 月更名为"中国海监 73"船。

"中国海监 73"船

海洋综合调查船是在海洋水文天气船基础上修改而成。1971年6月，安徽芜湖造船厂投料开工建造；1972年4月下水，1973年9月完成系泊试验，1974年9月26日完成上海－青岛远航试验后，交付国家海洋局北海分局使用，取名"向阳红07"船和"向阳红08"船。

远洋科考调查船具有吨位大、续航能力强等特点。"向阳红五号"船原为从波兰进口的货船。为了进行我国第一次洲际弹道导弹试验，周恩来总理亲笔批示将其改造为调查船。广州造船厂于1972年12月20日全部改装竣工。

4000吨级的"向阳红09"船，属国家第四个五年计划小批试制项目，由上海沪东造船厂建造，于1977年10月开工，1978年8月1日建造完工，入列国家海洋局北海分局，12月开始使用。后又建造两艘同型船："向阳红14"船和"向阳红16"船。这类吨级的海洋调查船填补了当时国内的空白。1999年7月28日，经国家海洋局批准，"向阳红09"船更名为"中国海监28"船；2001年4月28日，该船又重新更名为"向阳红09"船。

"向阳红14"船

"向阳红10"船是我国自行设计和建造的综合性考察船，1978年在上海建成，船长156.1米，满载排水量12467.9吨，可连续航行1.8万海里，抗风力12级。船上设有实验室20多个、1.1万米水文绞车等12部及多种精密测量仪器、通信导航定位设备等。

目前,一代"向阳红"系列考察船或已经报废解体,或已经更名改作其他用途。

"向阳红 09"船

近十几年,我国制造了新一代的"向阳红"系列船。随着这批船的陆续投入,"向阳红"系列船继续在广袤无垠的深海大洋远航扬波,乘风破浪。

"向阳红 10"船

## "天字一号"任务

1967 年 7 月,国防科委按照周恩来总理的指示做出了研发洲际导弹和建立海上编组调查测量船队的计划。7 月 18 日,这份计划上报到中央军委。紧接着,毛泽东主席、周恩来总理圈阅批准实施。

1969 年 7 月 22 日，中国人民解放军副总参谋长彭绍辉来到国家海洋局，传达党中央、国务院和中央军委的重要部署：中国第一枚洲际导弹"东风五号"的大洋靶场选址工作由国家海洋局组织完成。

这项任务就是赫赫有名的"东风五号"洲际导弹全程飞行试验工程，代号为"718 工程"。这是"天"字第一号大任务，主要任务是在海上做好洲际导弹试验靶场、弹着点选定以及试验海域和相关航线的水文、气象、通信、航海保障等。这是我国历史上首次超越大陆视野，向大洋投放科技力量，展开综合科学调查的"超级工程"。中国的大洋梦自此起航。

1965 年 8 月，北京中南海，周恩来总理主持召开中央专委会议。会上，国防科委副主任钱学森提出了发展洲际导弹和建立中国海上编组调查测量船队的初步设想。这个设想的实质是，到大洋试射导弹，且不是普通的近中程导弹，而是远程洲际导弹。

钱学森设想的背景，是中国已拥有了原子弹、氢弹，却还没有洲际导弹。没有洲际导弹，相当于只有子弹，没有枪，不能形成反制超级大国核威慑的实战能力。他认为，中国想不受核国家的欺负，独立于世界民族之林，就应该拥有自己的洲际导弹。发展洲际导弹必须组建一支规模宏大的远洋编组调查测量船队和护航舰队，以能够顶住压力，到公海调查、测量各种数据，进行全程飞行试验。

中国第一颗原子弹爆炸成功。

钱学森

"天字一号"的大事怎能草率? 周总理亲自组织,整合国家10多个部、委、局及海军、空军、陆军等十几个部队机关单位,再加上全国20多个省市和几十所院校、研究所的人员、技术资源,全力备战。

为了选定"东风五号"弹道导弹的靶场,远洋调查的重任落在了"向阳红五号"船身上。

"向阳红五号"船是一艘13650吨的远洋科学考察船,前身为"长宁号"货轮,由波兰格登尼亚巴黎公社船厂制造,1967年6月出厂。1970年5月,经周恩来总理批准,"长宁号"货轮移交国家海洋局,划归南海分局建制,更名为"向阳红五号",执行海军二级(团级)舰船权限。同年,该船在广州造船厂改装。

"向阳红五号"船

1976 年 3 月 30 日，"向阳红五号"船和"向阳红 11"船组成第一次远洋科学调查船编队，从广州隐蔽出航，经过南海、巴士海峡、马里亚纳海沟、关岛、所罗门群岛，到达南太平洋斐济群岛以北海域，开始了中国历史上首次大洋科学调查。在广阔的太平洋，考察队员按照洲际导弹靶场建设的要求和中国海洋科学发展的需要，实施了重力、水深测量，海洋

"向阳红五号"船的水文调查员在靶场获取现场数据。

水文、气象调查，远洋通信仪器试验、通信传播试验。经过 20 多天的连续奋战，第一个预选靶场的调查作业成功完成。

第二次远洋调查于 1977 年 3 月 8 日开始。调查队再次从广州起航，仍然由"向阳红"序列船编队组成，出海人数 333 人。编队把第一次远洋调查的第一个作业海区分成了 4 个不同性质的重点区，开展了详查，目的是选择浅水区域作靶场，便于回收导弹数据舱的舰船锚定布阵和导弹入水位置测定的水下基阵声呐响应布阵。

详查分成重力、磁力、水深、水文、气象、通信等 10 多个专业，在海区连续作业 31 天。但是，由于基阵声呐技术达不到 2000 米以下深海抗压能力的技术要求，两次调查海域所做的工作被全部放弃，重新改为水面雷达测量导弹弹着点的技术。大洋调查不得不重新开始。

第三次远洋科学调查"向阳红"船编队于 1978 年 3 月 14 日又一次从广州隐蔽起航。为绕过美军第七舰队在第一次和第二次远洋中的武装干扰，编队穿越南海，过苏禄海，从棉兰老岛南部东进太平洋。但是，美国仍然发现了中国"向阳红"编队的行踪，其反潜侦察机一路"尾随"，还有一些不明国籍的侦察机也不时"骚扰"。第三次远洋调查区设在埃利斯群岛以西约 700 千米的海域。那里没有岛礁，没有浅水区，最浅水深 2000 米左右，最深的达 4000～5000 米。该海域又远离国际航线，是洲际导弹弹着点选址较佳区域。

第四次远洋调查于 1978 年 8 月 18 日开始。9 月 5 日，"向阳红"考察船编队经过 12 天的连续航行，再次到达第三次远洋调查区，在图瓦卢共和国西部约 1000 千米的海域，调查了从海面到水下 2500 米的水文化学要素 6656 个，进行了 10 个站位的船对水、

船对地的漂移速度和方向的试验。

至此，天涯万里选靶场的"天"字号任务终于胜利完成。

"向阳红五号"船4次太平洋调查，与英、德等海洋国家的挑战者号、流星号海洋调查船相比，虽然不是大范围环球性海洋调查，其目的和结果也不是有了新发现，开展新研究，但对于20世纪70年代的中国来说，具有独特的历史意义。

**挑战者号海洋调查船**

第一，它是中国有史以来第一次远洋科学调查。它创建了多个第一：第一次在大洋获得第一份锰结核地质样品、第一批特定海域精准的水文和地球物理（重力）资料，第一次准确预报台风路径并追测到第一例台风过境数据，试验了第一组全球长波远程密语通信，发现并命名了第一个太平洋暗礁——"向阳礁"，测试了中国国产第一批深海采样仪器，试验了国产第一台卫星导航接收仪和第一台奥米伽导航接收仪等。

第二，冲出了美国长年封锁的第一岛链和第二岛链。4次科学调查都是在世界各大海洋强国或明或暗地频繁干扰的高危险海域进行的，关系到中国的战略武器是否具有反威慑的能力，能否为维护世界和平及中国和平起到应有的防御作用；这是中国历史上为数不多、较重大、较具风险，却又未费一枪一弹、未付伤亡代价的一次海洋战略军事行动。

第三，它是中国在完全没有远洋科学考察基础和经验，又面对西方海洋强国层层技术封锁的国际环境下进行的。"挑战"的勇气和实际面对的威胁,比历史上创建海洋科学的英国挑战者号环球航行"有过之而无不及"。"向阳红"编队4次远航逐渐建立起来的海洋科学和做出的贡献,对当年中国导弹靶场选址和当前海洋强国建设,都具有举足轻重的作用和意义。

1980年5月,"向阳红五号"船作为指挥船,参加了由18艘舰船、4架直升机、5000余名海陆空军将士和航天、海洋、通信等科学工作者组成的远洋特混编队,赴南太平洋成功完成导弹溅落数据舱回收任务。

1993年12月22日,经国家海洋局批准,"向阳红五号"退出调查船序列,后改装为货船投入营运。2001年12月8日,经财政部批准,国家海洋局将"向阳红五号"船作报废处理。

"向阳红五号"船在调查船序列服役近24年,航迹遍布中国海及太平洋,执行海上任务68项,主要有4个太平洋中部海域综合科学调查航次、"东风5号"洲际导弹全程飞行试验落点海区监测、担任"580"海上特混编队指挥船、中美西太平洋海气合作调查及澳大利亚季风试验航次、调查热带西太平洋"大洋环流"、参与联合国组织的"耦合海气响应实验"项目、调查东海大陆架、南沙群岛海域岛礁考察等,累计出海1566天,航程252088.9海里。这艘功勋船因而名扬世界。

《"向阳红五号"船耦合海洋－大气响应实验科学报告》封面

## "向阳红09"历经风雨

1978年11月,国家海洋局北海分局第一海洋调查船大队迎来新装备:我国自行设计和建造的4500吨级远洋科学考察船"向阳红09"船出厂入列。

"向阳红09"船

1978 年 12 月，"向阳红 09"船受命执行第一项光荣而艰巨的任务 —— 联合国气象组织的第一次全球大气试验。

那次试验是世界气象组织主办的"全球大气研究计划"中规模最大的一个副计划，得到了联合国海洋委员会等国际组织的支持。全球 149 个国家和地区参加了观测试验活动，几乎动用了全球所有的观测和通信手段，以便了解全球大气动态和形成机制。

全球大气试验实施阶段分为两个观测期：1979 年 1 月 5 日至 3 月 5 日为第一观测期；5 月 1 日至 6 月 30 日为第二观测期。根据国际分工，我国提供两艘海洋调查船远赴太平洋赤道海域，重点观测全球大气试验中的高空测风及热带高空气象、海面气象、水文、地质、生物化学等，由国家海洋局负责组织和实施。

时任国家海洋局副局长罗钰如指示：全球大气试验不仅仅是一次国家大气试验协作任务，更是一项重要的政治任务，一定要完成好，为国争光。

1978 年 12 月 18 日，专门为执行该任务赶造的远洋科考船"向阳红 09"船从青岛起航，开始了首次全球大气试验调查。

当"向阳红 09"船驶入太平洋，第一次穿越赤道时，船长张静格外兴奋、骄傲和自豪，也深感责任重大。

恶劣的海况使全球大气观测项目遇到了很多困难。

为了测定准确的海流，"向阳红 09"船大胆地试验了深海锚泊等一些远洋考察技术。船员利用船艉甲板的底栖生物拖网绞车，附加一段 20 米锚链，系上一个 50 千克重的山字锚，放出长度是水深两倍的 5400 米绞车缆绳。

施放了 27 个小时，漂泊在海面上的船没有发生移位。

在看到海面风力逐渐增大时，张静停止了锚泊试验。即便如此，这项试验依然创造了锚泊时长和深度的纪录。

调查人员正在开展海上气象观测。

1979 年 5 月 18 日，第一航次任务结束。"向阳红 09"船不仅按计划圆满完成了海上试验任务，而且成功创造了 5000 米深海底质柱状取样的先例。北海分局收到国家海洋局大气试验值班室转发的全球大气试验办公室表扬的函件。函件指出，我国两条天气船的高空观测质量令人满意。

接下来的近 30 年，"向阳红 09"船相继承担了中日黑潮调查、中美海气相互作用调查、中法长江沉积作用调查、图们江调查、中国大洋科学考察等多项重大海洋科学调查任务。

2008 年，30 多岁的"向阳红 09"船经过改造，成为我国首台载人潜水器试验母船。2009—2018年，"向阳红 09"船 10 余次出海，奔赴南海、印度洋、太平洋，守护"蛟龙"号载人潜水器潜入海山区、冷泉区、热液区、洋中脊……探索多金属结核勘探区、多金属

中日黑潮合作研究海上作业。

硫化物勘探区、富钴结壳勘探区……成功完成"蛟龙"号载人潜水器 1000～7000 米级海上试验和试验性应用任务。

"蛟龙"号的海上之"家"——"向阳红 09"科考船

## "向阳红14"船乘风破浪

1980 年 8 月的一天,陈天才被通知去国家海洋局南海分局局长办公室。"什么事呢?"陈天才疑惑地来到局长张瑞禧的房间。

"局里打算调你到'向阳红 14'船任副船长,这艘船很快就要交付了,你准备一下,去接船。"张瑞禧说。

新船要入列了! 听到这个消息,陈天才非常高兴:"坚决服从组织安排。"

"向阳红 14"船是我国自行设计建造的科学考察船,由上海沪东造船厂建造,1980年 7 月下水。10 月,陈天才赴上海接船。

沪东船厂位于上海市市郊的浦东,当年只有高桥、陆家嘴等几个小镇,公共交通只有一两条公共汽车线路和陆家嘴轮渡。陈天才和先期到达接船的船长祁银凯、副政委汤锦欢等 40 多个船员,住在船厂招待所,每天往返开展工作。

现在的沪东船厂

1981 年 8 月,"向阳红 14"船从上海起航,于 21 日抵达广州黄埔海洋局长洲码头,入列国家海洋局第七海洋调查大队。

"向阳红 14 船"是一艘 4500 吨的远洋综合考察船,钢质、双层连续甲板、双螺旋桨、双舵、双主柴油机推进,巡洋舰式船艉装有温盐深仪(CTD)等调查设备,配有卫星导航系统。它适合无限航区,可承担中远海及大洋多学科考察任务,设 B 级冰区加强。

20 世纪 80 年代以来,"厄尔尼诺"现象逐步升温。科学家发现,热带西太平洋海域属影响世界气候异常的最敏感地区,既是产生"厄尔尼诺"现象的"温床",又是热带风暴的多发区和黑潮发源地。

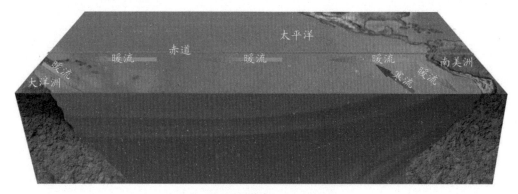

"厄尔尼诺"现象期间洋流的流向

为了探索大洋的奥秘,1984 年 7 月 19 日,中国国家海洋局与美国国家大气局在北京签订了《中美热带西太平洋海气相互作用研究合作方案》,中美科学家合作制订了"热带海洋和全球大气计划"。

1985 年 3 月 12 日,中国与美国海气相互作用研究联合计划协调组和科学小组会议在广州召开。会议决定,从当年起,中美联合开展西太平洋热带洋区科学考察。

1985 年 12 月至 1990 年 7 月,中美西太平洋海气相互作用联合考察由中国国家海洋局和美国国家海洋大气局联合组织。之后,"向阳红14"和"向阳红五号"科学考察船在广阔的热带中西太平洋海域,对 7 条断面上的 110 多个温盐深仪(CTD)站位、300 多个抛弃式深水测温计(XBT)站开展了近 30 个项目 8 个航次的海上科学考察,并在赤道东经 165 度位置投放了太平洋锚碇浮标。

中美西太平洋海气相互作用联合考察共 8 个航次，两国海洋、气象学家和工程技术人员 1098 人次（中方 1001 人次，美方 97 人次）参加，在海上作业 497 天，航程近 10 万海里，相当于绕赤道四圈半。考察队员获得了大量宝贵的第一手多学科海洋和大气资料，为研究和预报"厄尔尼

诺"现象、"南方涛动"等全球海洋和气象现象提供了可靠的依据。

1990 年 9 月 27 日，国家海洋局发出通报表扬"向阳红 14"船："'向阳红 14'船从 1985 年至 1990 年 7 月执行了 7 个航次中美海气相互作用合作研究的调查作业，克服重重困难，圆满完成了任务，受到中美双方考察人员的好评，为祖国赢得了荣誉。考察成果推进了我国乃至世界海洋学和气象学的发展。"

"向阳红 14"船自投入使用以来，航迹遍布中国海和太平洋相关海域，执行海上任务近 200 项，主要包括 7 个中美海气合作考察航次、4 个中日环流调查航次、4 个西北太平洋环境调查与研究航次、香港排污工程调查、南海断面调查、浮标投放管理和海洋维权执法监察等。

如今，"向阳红 14"船依然奋战在海洋调查一线，为我国海洋工作奉献着光和热。

# 首艘国产万吨级考察船

1964 年，我国成功试爆第一颗原子弹后，开始研发洲际导弹。洲际导弹射程远，必须在远海完成试验。试验需要出动海上测量船近距离观测导弹飞行姿态、测量飞行数据……如何为海上编队提供水文气象保障？调查船非常关键。国防科委向中央军委提出报告，建造测量船、护航舰艇和后勤补给船等一系列配套舰船，"向阳红 10"船便是其中一艘。

1975 年 7 月，江南造船厂开工建造"向阳红 10"船，于 1979 年 11 月 7 日建成交付国家海洋局东海分局管理。这是我国自行设计制造的第一艘万吨级远洋科学考察船，船上有 300 多个房间、60 多个实验室，还建有直升机停机坪。

"向阳红 10"船建成。

1980 年 5 月 12 日中午，18 艘舰船分别到达预定海域，参加我国首枚运载火箭（洲际导弹）远程飞行试验，"向阳红 10"船被部署在火箭弹道入口的附近。

南太平洋时间 1980 年 5 月 18 日 14 时，运载火箭发射成功。装载在"向阳红 10"船上的"179"航测飞机向着指定目标海域急速飞去，相关人员用电影经纬仪准确地拍摄了数据舱降落的位置和火箭落点。驾驶员立即向打捞直升机机长报告了数据舱飘落的地点和方向。14 时 55 分，数据舱被顺利打捞上船。

中国洲际导弹首次全程试射。

首次出师,取得大捷。

在承担气象保障任务时,"向阳红 10"船还通过 352 甲型国产雷达测量弹着点距离和水柱高度测量装置,在导弹弹头落水的一刻,和其他测量船一起,从不同方向测定了距离和水柱高度,计算出准确的弹着点位置。

"向阳红 10"船由此名声大噪。1984 年,我国计划开展南极考察,"向阳红 10"船因为以往卓越的表现和优越的性能,再次被委以重任。

"向阳红 10"船

1984 年 11 月 20 日,国家南极考察委员会派出的第一支南极考察队乘"向阳红 10"船从上海起航,开赴南极洲和南太平洋,执行综合性科学考察任务。1985 年 2 月 20 日,中国第一个极地考察站——南极长城站建成。"向阳红 10"船的远航,开创了我国南极考察新局面。

执行任务的"向阳红 10"船

20 世纪 90 年代,"向阳红 10"船执行了"实践四号""亚太一号""东方红三号"3 颗卫星发射的海上遥测任务以及"长 3 甲"火箭海上试验遥测任务,多次受到各项表彰。

1996 年 3 月 4 日,经国家海洋局批准,凝聚了几代科学家和工程技术人员心血的"向阳红 10"船满载着荣光退出调查船序列。

1998 年 8 月,"向阳红 10"船被改建为"远望 4"号航天远洋测控船。1999 年 10 月,"远望 4"号测量船远赴印度洋,执行"神舟一号"飞船发射海上测量通信任务,首战告捷。10多年间，"远望4"号测量船先后12次远征太平洋和印度洋，累计航程18万余海里，先后完成了"亚太六号""鑫诺二号"和"风云"及神舟系列飞船等14次重大科研试验海上测量通信任务，圆满完成任务率100%，为我国航天测控事业做出了卓越贡献。

2011年12月14日，在中国卫星海上测控部，"远望4"号测量船正式退出海上测控舞台。

"远望4"号航天远洋测控船

## 国家海洋调查船队成立

云帆直挂似飞翔，挟风带雷作远游。20世纪建造的"向阳红"序列船舶，驰骋深海大洋，建功极地冰穹，将中国的视界延伸向世界。进入21世纪，"向阳红"再次扬帆远航。

2010年之前，我国远洋科学考察船全由国家出资建造。2010年5月，《国务院关于鼓励和引导民间投资健康发展的若干意见》印发实施，鼓励和引导民间投资健康发展，进一步拓宽了民间投资的领域和范围。当年，国家海洋局第二海洋研究所与浙江太和航运有限公司率先开启了海洋"混合经济"新模式——合作建造新一代"向阳红10"船。

新一代"向阳红10"船

这次"国""民"联姻，由民营资本与国家资金拿出2亿元人民币，委托中国船舶工业集团公司第708研究所设计，温州中欧船业有限公司制造。共建远洋科考船是我国海洋科考事业全面发展的一次全新尝试。

2012年6月，新一代"向阳红10"船开工建造。当年4月18日，由国家海洋局联合国家发改委、教育部、科技部、财政部、中国科学院和国家自然科学基金委等单位共同打造的国家海洋调查船队在北京成立。这个船队是国内首个海洋调查船资源共享基础平台，几乎涵盖了我国最先进的调查船舶。

时任国家海洋局局长刘赐贵在国家海洋调查船队成立大会上强调了其组建的重要作用和意义：进一步深化了各涉海部门在海洋调查工作中的合作机制，是海洋调查组织模式和投入机制的一次创新，为实现海洋调查平台和数据共享创造了有利条件。他指出，国家海洋调查船队应主动服从服务于国家海洋事业发展的需要，成为服务国家海洋开发战略的中坚力量和参与国际海洋事务竞争与合作的重要支撑。他希望扎实做好调查船队的运行管理，不断发展壮大调查船队规模。

国家海洋调查船队成立之初，有19艘船加入，主要承担国家海洋基础性、综合性和重大专项调查等任务以及国家重大海洋科学研究项目、重大国际海洋科学合作项目和政府间海洋交流合作项目涉及的调查任务。

2014年1月交付使用的"向阳红10"新船，以及随后建造的"向阳红03""向阳红01"等新一代"向阳红"序列船陆续入列国家海洋调查船队。船队规模持续扩大，由最初的19艘扩充到50多艘，成员船分布于大连、青岛、上海、舟山、宁波、厦门、广州等8个沿海大中城市，运行日益规范，服务不断拓展，具备了多学科、多专业的调查能力，形成了近岸、远海、大洋和极地的综合考察能力，用船单位对成员船的服务满意度达到90%以上。

"向阳红03"船

# 新时代"向阳红"开启新征程

2013 年 8 月 24 日，阳光明媚，海洋科学综合考察船"向阳红 10"船顺利下水。这是党的十八大后第一艘下水的"向阳红"船，标志着由国有事业单位与民营企业联建的科考船取得了阶段性胜利。2014 年 1 月，"向阳红 10"船交付使用。这艘船总长 93 米，宽 17.4 米，型深 8.8 米，续航能力 1.2 万海里，定员 65 人，自持力 60 天，是一艘 4500 吨级的海洋科学综合考察船。

和绝大多数相似吨位的船舶一样，"向阳红 10"船有驾驶台、机舱、前后甲板等复杂的结构。全船共 7 层，从上至下分别是罗经甲板、驾驶甲板、登艇甲板、艇甲板、艏楼甲板、上甲板、下甲板以及舱室内底层，单层最大面积达 1000 多平方米。

住宿舱分布在一到四层，供船员和科考队员居住。舱内楼道比较狭窄，两个人对面交错要侧身才能通过。每层船舱设一个洗衣房，里面配有洗衣机和烘干机。

餐厅在二层，既是每天吃饭的地方，也是避免航程日久枯燥，供科考队员娱乐放松的地方。餐厅内安装着一个 KTV 系统，船上人员可以偶尔唱唱歌，也可以借助餐桌打牌。船上活动空间有限，但配备了跑步机、杠铃、乒乓球等健身设施，便于船上人员锻炼身体、增强体质。

很多人以为，海上生活与世隔绝，然而"向阳红 10"船不仅开通了电子邮件系统，还安装了海事卫星通信系统，开通了 2 兆带宽网络。船上人员用手机可以下载"海信通"软件，能方便地与亲友实时联络。这个网络也可方便"向阳红 10"船接收气象资料，实时提供船的经纬度、航速、航向、航行轨迹等信息。

与普通货船相比，"向阳红 10"船的驾驶台有一套科考船或工程船需要配置的动力定位系统。系统依靠船艏两个侧推进器和船艉两个主推进器调节船的位置。当在海上随波漂动时，向动力定位系统输入精确的经纬度，就可以借助动力让船往左右或者前后移动，定位在预设的点上。

动力定位系统在科考作业中非常重要，可以帮助科考队在预定的位置准确、稳定地采集样品。

采用电推进系统是"向阳红 10"船的另一个特点。一般货船在大洋上行驶燃烧的是重油，污染空气较严重。"向阳红 10"船只燃烧柴油，通过柴油燃烧转化为电力，再把电输入推进器，推动船舶前进。

实验室是远洋科考船舶的重要部位，可以及时处理许多调查样品，有利于保证数据准确性和完整性。"向阳红10"船有地球物理实验室、深拖实验室、地质实验室和化学实验室等多个宽敞的实验室，总面积约510平方米，配备了深水多波束系统、浅地层剖面仪、超短基线水下声学定位系统、走航式声学多普勒流速剖面仪、单波束万米测深仪及分裂波束系统等国际一流的船载调查设备。

**"向阳红10"科考船拖曳实验室**

多波束系统可以通过发射和接收声信号获取海底地形信息。只要打开多波束系统，"向阳红10"船航行过的海底地形数据便可尽收囊中。每次勘查设备入水、见底、离底或出水，值班人员都会记录多波束数据，以便为所有调查作业提供统一的标准时间和位置信息。

浅底层剖面仪可以获取海底地层信息，海洋重力仪可以获取海底密度分布信息，探测海底矿藏。声学多普勒海流剖面仪利用声学多普勒原理，能在船舶走航条件下测量不同深度层（最多达128层）海流流速和流向。

"向阳红10"船有着先进的信息化系统。它采用计算机网络、卫星通信、物联网、数据库、可视化、数据实时采集、海量数据处理、数字视频、信息安全等先进技术，以船舶网络为平台，将船载探测、通导设备功能区域、科考调查应用系统集成到一个综合、跨平台（包括船与岸基、船与船平台、船与水下平台）、一体化的计算机网络信息集成系统，提高科考调查活动的效率和质量。利用这个平台，科学家可以实时、快速地查到所需信息。

获取海底样品，靠的是后甲板。"向阳红10"船430平方米的后甲板作业区域，有着万米温盐深仪（CTD）绞车，万米地质钢缆绞车，万米铠装同轴缆/光电复合缆绞车，大、小A型吊架以及伸缩折臂吊等甲板设备，场面颇为壮观。可贵之处还在于，"向阳红10"船上的绞车都隐藏在甲板下层，不仅安全，维护起来也非常方便，更重要的是节省了大量空间。

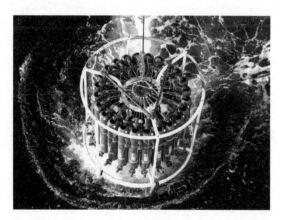

**CTD系统**

与其他科考船相比，"向阳红10"

"向阳红10"船后甲板上的A型架

船上的大小两个A型架都为"7"字形,是独有设计。这是海洋二所科学家多年海上科考实践的经验所得。伸缩自如的A架收缩成"7"字形倒出船舷外时让滑轮更贴近海面,起到止荡作用;A架伸直成"1"字形可增加A架净高,满足柱状采样器和生物拖网等对高度有要求装备的作业;A架自然形成两个吊梁,可把拖曳作业滑轮和水下机器人(ROV)导接头自然分开,避免相互打架。

综合来看,"向阳红10"船集多学科、多功能、多技术手段为一体,可以开展近海、大洋和深海的物理海洋、海洋地质、地球物理、海洋生物、海洋化学、海洋气象等综合海洋环境观测、探测以及取样工作,具备现场分析能力,是国家深海及洋区海洋科学基础研究、高新技术研发的海上移动实验室和试验平台之一。

## "东征西战"的"向阳红10"

2014年3月28日,"向阳红10"船入列国家海洋调查船队,并于翌日奔赴南海开展首个航次任务作业。历经47天,航程1万余海里,全体船员和调查队员密切配合,克服了船舶和设备在初次使用上的不适应性,出色完成了科考任务。

之后,"向阳红10"船"东征西战",多次赴西太平洋、大西洋、印度洋、南海等区域,执行我国大洋科考任务。

在西太平洋一次任务中,"向阳红10"船遭遇了"风神""海鸥""凤凰""北冕""巴蓬"和"黄蜂"等6次台风,这在我国航海史上也是不多见的。"向阳红10"船经受住了严峻的考验,队员也饱受风浪洗礼,他们以乐观主义精神表达心情:

"海鸥肆虐浑不怕,金凤狂舞亦逍遥。
向十建功探深海,献礼祖国征西太。"

2015年12月—2016年6月,"向阳红10"船从海南省三亚市出发,赴西南印度洋执行第一次远航任务——中国大洋40航次科学考察。

大洋 40 航次在西南印度洋作业近 200 天，航程约 1.3 万余海里，执行了 4 个航段科考任务。"向阳红 10"船除了保障完成众多科考任务外，还支持我国自主研发的 4500 米级深海资源自主勘察系统"潜龙二号"海试成功，发现了新的硫化物矿区，实现了我国自主研发无缆水下机器人（AUV）技术的重大突破。

"潜龙二号"正在印度洋海试。

2016 年 6 月，"向阳红 10"船结束大洋 40 航次科考，从毛里求斯路易港起航，马不停蹄地赶往莫桑比克、塞舌尔附近海域，开展中国－莫桑比克、中国－塞舌尔大陆边缘海洋地球科学联合调查。这是海洋二所与莫桑比克、塞舌尔两国相关海洋研究机构精诚合作的航次，搭载了 32 位国内科学家和 6 位莫桑比克科学家。

两国队员利用多波束、多道地震、海底地震仪等技术手段，在莫桑比克陆架和海盆开展了地形地貌、沉积物厚度、地壳结构等研究；在塞舌尔主岛北部海域，开展了地形地貌及岩石学研究。经过约两个月的调查，科学家进一步了解了两个区域的地质构造特征，取得了许多可喜成果：首次获得了南莫桑比克海盆

科考队员在"向阳红 10"科考船后甲板回收深海沉积物微生物原位培养系统。

的高分辨率多道地震剖面，填补了塞舌尔北部海台区域调查数据的空白；获得的岩石样品为研究该区域构造演化提供了支持。

一船联三国，密切新合作。中莫、中塞联合航次是中国首次同东非沿海国家的国际合作调查，不仅加深了中国同非洲国家海洋研究机构和专家间的合作，而且提升了中国海洋科学调查研究在非洲的影响力。

援助非洲国家开展联合调查研究，既是我国负责任大国形象的体现，有助于"一带一路"建设，也以实际行动体现出：中国永远是非洲的好朋友、好伙伴、好兄弟。

2018年3月，《国务院机构改革方案》公布，其中指出，组建自然资源部。将国土资源部的职责，国家发展和改革委员会的组织编制主体功能区规划职责，住房和城乡建设部的城乡规划管理职责，水利部的水资源调查和确权登记管理职责，农业部的草原资源调查和确权登记管理职责，国家林业局的森林、湿地等资源调查和确权登记管理职责，国家海洋局的职责，国家测绘地理信息局的职责整合，组建自然资源部，作为国务院组成部门。自然资源部对外保留国家海洋局牌子。

"向阳红10"船起航，执行中国大洋54航次科考任务。

在自然资源部党组领导下，2019年3月，"向阳红10"船再次起航，赶赴太平洋海域，执行5个航段、总时间达255天的中国大洋54航次考察任务，开展资源环境调查。该航次顺利实施，有力支撑了我国履行勘探合同义务，提升了我国在洋底区域的科学认知，顺利完成了中国五矿集团公司和中国大洋矿产资源研究开发协会（简称中国大洋协会）两个多金属结核合同区及邻近海域多金属结核资源、微生物基因资源、深海环境基线等调查评价任务，取得了三大重要成果和进展。

一是利用地质取样和海底摄像等手段，完成了中国大洋协会合同区西部区块多金属结核资源加密调查，资源勘查程度显著提高，为完成中国大洋协会合同区延期协议任务提供了有力支撑。

二是综合运用长时间序列锚系观测、水下大型生物诱捕取样系统、温盐深仪采水、浮游生物拖网等多种调查手段，在两个合同区及邻近海域开展多要素、立体式环境综合调查，为合同区环境基线和环境影响评价积累了重要基础数据和资料。

三是首次开展了中国五矿合同区国际学员海上培训任务，对国际海底管理局遴选的来自马来西亚、缅甸和索马里的3名国际学员，开展了多金属结核资源勘探和环境评价相关理论及海上现场作业培训。

# 新"向阳红"的新风采

继新"向阳红 10"船之后，2015 年又有两艘远洋科考船"向阳红 03""向阳红 01"船先后下水，并于 2016 年交付使用。新一代"向阳红"系列展示出新的风采。

新"向阳红 01"船

新"向阳红 03"船

2016 年 3 月 26 日，新"向阳红 03"船在厦门交付国家海洋局第三海洋研究所使用，入列国家海洋调查船队。

2016 年 6 月 18 日，新"向阳红 01"船在青岛交付国家海洋局第一海洋研究所，入列国家海洋调查船队。

这两艘船都是 4500 吨级海洋综合科考船，船型、大小、吨位、性能及船上设施大致相当，都是由中船集团第 708 研究所设计，中船重工武昌船舶重工集团有限公司承建。

海洋三所负责"向阳红03"船的建设和运行管理,海洋一所负责"向阳红01"船的建设和运行管理。

两艘姊妹船一经问世,便吸引了众人眼球。

它们被称为我国最先进的全球级现代化海洋综合科考船,优化和改进了30余项主要技术,集多学科、多功能、多技术手段为一体,具备大气、海面、水体及海底立体综合海洋探测能力,探测深度达到1万米,能够满足对全球海洋环境和资源的科学调查需求。

它们是可以在全球任何海域行驶的无限航区科考船,载有水体探测、大气探测、海底探测、深海探测、遥感信息现场印证等设备,可以开展地球物理、物理海洋、海洋遥感、海洋声学、海洋大气、海气观测、海洋化学和海洋生物等多学科调查。

船上自动化和信息化程度高,机舱无人值守,监测报警全部实现自动化;船上拥有船舶和科考两个独立网络,可实现数据共享交换;船上装备卫星宽带网络,能满足海上通信需求,可进行船岸视频会议。

简言之,它们的总体技术水平和考察能力达到国际先进水平,地球深部过程探测和海底取样能力、船舶机动性和经济性等指标居国际领先地位。

一露面,众多媒体就将这两艘"向阳红"船上的设备设施通过视图、文字展示给公众。

它们的闪亮之处还有哪些?

"向阳红03"船长99.8米,型宽17.8米,型深8.9米,满载排水量5176吨。"向阳红01"船长99.8米,型宽17.8米,型深8.9米,满载排水量5176.4吨。

它们采用模块化设计,空间大、通用性好、综合调查能力强,包括前后两个主甲板、安装集装箱和甲板紧固件,能灵活搭载多种调查设备。

它们具备480道数字地震探测能力,勘探深度在3000~4000米,可以探测到新生代盆地的基地底界;具备30米重力活塞海底沉积物取样调查能力;操控支撑系统先进,A型架能够170度翻转,变频电力驱动的4台万米绞车可同时满足多项调查作业开展工作;采用升降鳍板,搭载多种声学探测设备,可实现观测、走航和维修保养3种工作状态,能提高调查质量和效率。

船载11个通用和专用实验室,即通用干实验室、通用湿实验室、水文气象仪器室、地球物理实验室、重力仪室、保真样品实验室、温控实验室、洁净实验室、化学实验室、专用水处理实验室、资料处理室等,总面积670平方米。上甲板艉部设计有7个20米标准集装箱实验室安装区域,艇甲板有2个10尺标准集装箱实验室安装区。

新"向阳红03"船的前甲板

船上所有实验室围壁、工作桌面装有 C 钢,方便设备的安装与固定,是国内科考船首创。地质与地球物理、海洋测绘等设备安装,采用终端显示操作与主机分离的布置方式,提高了工作环境的舒适度。

船载调查装备主要由操控支撑系统、科考调查系统和科考网络系统组成,可谓琳琅满目、目不暇接。

操控支撑系统包括绞车系统和起重吊机系统。4 套绞车系统储备的缆绳长度均达万米,由温盐深仪器绞车、光电缆绞车、同轴缆绞车和地质纤维缆绞车构成。系统配置多种控制方式:本地控制、应急控制、无线遥控以及作业控制室控制。

起重吊机系统包括艉部 A 型架、右舷 A 型架、船舯部温盐深仪(CTD)作业伸缩臂吊、艉部两套伸缩折臂吊机、长柱样取样翻转机及两部辅助吊机。

科考调查系统主要是调查设备,分为水体探测系统、大气探测系统、海底探测系统、深海探测系统、遥感信息现场印证系统,涉及地球物理、物理海洋、海洋遥感、海洋声学、海洋大气、海气观测、海洋生物和海洋化学等学科。

水体探测系统包括万米温盐深剖面测量仪、走航式多普勒流速剖面仪、拖曳式多参数测量系统、水下滑翔机、湍流测量仪、表层多要素采集系统、生物分层连续采样系统、浮游动物群落现场快速照相系统、鱼探仪、低频大功率声源系统和船载声呐接收及标定系统等仪器设备。

大气探测系统包括海气边界层观测系统、船载自动气象站、走航式二氧化碳测量系统和气溶胶飞行时间质谱仪等。

海底探测系统包括全海深多波束测深系统、浅水多波束测深系统、浅地层剖面仪、深水单波束系统、海洋重力仪、海洋磁力仪、水－沉积界面通量观测仪、海底土原位测试系统、30米重力活塞取样器和480道多道数字地震系统等。

深海环境探测系统包括6000米深海拖曳系统、超短基线定位系统、10米岩芯取样钻机和电视抓斗等设备系统。

遥感信息现场印证系统包括海浪与表层流检测系统、水下多光谱吸收/衰减测量仪、海面高光谱辐射测量仪、水下高光谱辐射测量仪等设备。

船上的科考网络系统建设基于以太网技术的船载计算机网络以及B/S架构的数据库管理系统,将船载探测设备、船舶导航设备及其他网络设备利用网络化、模块化的系统集成技术,集成为一个船载网络通信、船舶导航、探测考察、视频监控和船舶动态监控系统,实现对海洋环境探测数据的现场收集、提取、分析、处理与存储,同时将船舶数据实时传回地面支持系统进行信息产品制作和发布,并对探测船实现航行实时监视。

船的性能先进。3台主发电机和2台全回转吊舱式推进器,具有较大的安全冗余度。永磁电机在水下直接驱动拉式定距螺旋桨,利用海水冷却,变频控制转速,能量转换效率高,能实现无级变速。从底部到桅杆顶部共32.5米,相当于12层普通楼房高度,具备12级抗风能力。自持力60天,最快航速15.8节,续航力1.5万海里,可从中国青岛直接开到美国西海岸。

船的自动化和信息化程度高,配备电子海图、自动舵,可1人驾驶,无人机舱内监测报警全部自动化。全船具备数字化视频监控系统。

艏部两个艏侧推,艉部两个全回转推进器,操控灵活,具备动力定位功能。船舶可以靠计算机和传感器进行船舶位置、艏向、航迹精确定位,定位精度小于3米。

新"向阳红03"船的驾驶室

船上定员80人,可为海员和科学家提供较好的生活和工作条件。居住房间均有中央空调、音响系统、电视和卫生单元,包括 5 间套间、11 间单人住舱、20 间双人住舱、6 间 4 人住舱。全船减震降噪性能较好,包括主机上层隔震、空调和风机的减震降噪等,其中 75% 的卧室达到船员卧室噪声最高舒适度等级(小于 52 分贝),25% 的卧室达到客船乘客高级舱室最高舒适度等级(小于 45 分贝),最低噪声为 41 分贝。

船上公共区域较大,具备学术功能和休闲功能,有会议室、学术厅、休闲厅(接待室)、厨房、餐厅、健身房、病房(诊疗室)、洗衣间(烘衣间)。

有以上亮点,难怪民间形容这样的"向阳红"船为"流动的海上科学实验室":在海上能一动不动,在原地可全角度转圈,不出舱便"眼观六路",科考设备自由升降,可探测任何海域,随时处理获得的样品……

新"向阳红 03"船的餐厅

## 新一代"向阳红"的环球科考

老一代"向阳红"功勋卓著,新一代"向阳红"继承传统。

投入使用后,"向阳红 01"和"向阳红 03"船可谓披星戴月。

2016 年 10 月,"向阳红 01"船从青岛出发,首航东印度洋,执行两个月的国家全球变化与海气相互作用专项"东印度洋南部水体综合调查秋季航次"综合海洋调查任务。本次任务采用了大面观测、走航观测、锚系定点和漂流浮标等多种观测方式,获取了物理海洋与气象、海洋生物、海洋化学和海洋光学等多学科现场调查数据,为揭示印度洋季风环流场特征、海气交换对东亚气候变化的影响等提供了数据基础。

航次期间,"向阳红 01"船布放了两套白龙浮标系统,实现了我国在热带印度洋区域首次"一船两标"作业。"白龙"浮标是海洋一所自主研发的国内首套 7000 米级深海气候观测系统,能够搭载多要素传感器,对海表气象、海洋要素等高频率采样,实时将观测数据传输到位于青岛的岸站数据中心,为深海气候观测提供重要支撑。

精准定点作业是"向阳红 01"船首航中显示出的独特优势。在船舶先进的动力定位系统支持下,面临恶劣的海况,科考队作业采样设备的入水点和出水点水平距离的偏差没超过 1 米,实现了精准定点作业,获取了高精度数据资料和定点样品。这好比大海捞针,通过高超的技能操作,在指定的海底位置取样作业,达到科考目的。

2018 年 7 月,"向阳红 01"船受邀参加中央电视台《机智过人》栏目的录制。科学家、船长和船上队员完美配合,使"向阳红 01"船利用先进的动力定位系统和可视化取样设备,在气象条件非常恶劣且有限的时间内,成功地将抛在海底的设备取回,完美地诠释了"大海捞针"功能,展示了国之重器的超强综合能力。"向阳红 01"船因此获得中央电视台"开拓先锋"的荣誉称号。

"向阳红 01"船配备的打捞设备

真正让"向阳红 01"船闻名遐迩的,是中国首次环球海洋综合科学考察。2017 年 8 月 28 日—2018 年 5 月 18 日,"向阳红 01"船开展大洋、极地和全球环境热点等多项科学考察。

那是我国首次组织的融合资源、环境、气候等多学科交叉的环球综合考察航次,由中国大洋 46 航次(5 个航段)和中国第 34 次南极科考(第四航段)两部分组成,参航单位 25 个,参航队员 183 人。在长达 263 天的科考中,"向阳红 01"船跨越印度洋、南大西洋、太平洋,行程 3.86 万海里(约 7.1 万千米),实现了资源、环境、气候三位一体的融合科考。

从一片蔚蓝到茫茫冰雪，"向阳红01"船在中国首次环球海洋综合科学考察中披星戴月，顶风冒雪，收获了沉甸甸的硕果。

大洋46航次第一航段，科考队员加密调查了中印度洋海盆的深海稀土，进一步圈划出稀土超常富集核心区域，较精密地估算了中印度洋海盆远景区稀土的资源潜力，深化了中印度洋海盆远景区稀土分布范围及成矿规律的认识，使我国成为目前调查研究印度洋深海稀土程度最高的国家。

大洋46航次第二和第三航段，科考队员精细调查了南大西洋700千米长的洋中脊海域热液硫化物，获取了大量热液硫化物样品，有的块状硫化物重达3吨；发现了南大西洋开普海盆多金属结核以及南大西洋方舟海山上的大面积、高丰度

"向阳红01"综合科考船展示大洋中取回的科学样品。（宋新华 张进刚 摄）

海绵、珊瑚等海底生物；开展了水文和微塑料调查，收集到横跨大西洋的水文结构断面数据资料，检测出海洋微塑料的存在。大洋46航次第五和第六航段，科考队员系统性地获得了东南太平洋调查区和走航区的海洋生物生态资料，填补了我国在该领域的资料空白。

"向阳红01"综合科考船展示大洋中取回的块状硫化物。（宋新华 张进刚 摄）

"向阳红01"综合科考船展示大洋中取回的蛇纹石化橄榄岩。（宋新华 张进刚 摄）

在南极海域，"向阳红01"船与"雪龙"船联合执行中国第34次南极科学考察，首次将我国南极科考由传统的西经45度向东扩展到了西经37度海域；首次大范围、全覆盖地测量南极大西洋扇区海底地形；首次发现了调查区天然气水合物形成与海底热

液活动密切相关的直接地质与地球物理证据……

取得了多项"首次"的累累硕果,填补了多个海域调查的空白,"向阳红01"船的环球海洋综合科考,为进一步探索海洋奥秘、拓展海底资源的探查空间、深入开展海洋在全球气候变化中的作用以及对最新全球海洋环境热点问题的研究积累了丰富的资料。

"开启了我国深远海科考的历史新篇章。"自然资源部第一海洋研究所所长李铁刚对"向阳红01"船执行环球海洋综合科考做出如此评价。

"向阳红01"完成中国首次环球海洋综合科学考察。(宋新华 张进刚 摄)

2019年8月10日,"向阳红01"船从青岛起航执行中国第10次北极考察任务,成为我国第一艘同时执行过南北极考察任务的非破冰船舶。

"向阳红03"船交付后同样征尘滚滚。

2016年9月23日—10月31日,搭载71名科考队员的"向阳红03"船首航西太平洋,开展全球变化与海气相互作用专项秋季航次调查。与"向阳红10"船一样,调查期间,"向阳红03"船经受了"鲇鱼""海马"等6次台风考验,有效检验了设备性能,磨合和锻炼了科考队伍,成功回收5000米深水潜标,获取了一批关键科考数据,为后续参与大洋科考积累了经验。

在完成全球变化与海气相互作用深海底质调查和西太平洋海洋环境监测预警体系建设等7个航次任务后,2017年7月12日,"向阳红03"船首次承担中国大洋科考任务,赴太平洋开展中国大洋45航次科学考察。

"向阳红 03"船盛装待发。

那个航次是国家海洋局组织的首个全要素综合考察航次，主要任务包括调查深海生态环境、多金属结核勘探合同区资源、公海环境污染状况等。航次共分为 3 个航段：第一航段以海山生物多样性调查为主，在西太平洋典型海山及周边海域调查生物多样性与环境；第二航段以资源调查为主，在东太平洋中国大洋矿产资源研究开发协会多金属结核勘探合同区开展地质调查；第三航段以深海环境调查为主，兼顾调查多金属结核。

考察过程中，"向阳红 03"船上的"十八般武器"纷纷亮相，有多管取样器、温盐深仪、浮游生物拖网、深海微生物原位富集系统、原位大体积过滤系统……可谓多学科、立体化、全方位投入使用。在种种设备中，最让人欣喜的莫过于被誉为"海底千里眼"的 6000 米集成化光学拖体。

6000 米集成化光学拖体

这种拖体装着高清摄像机、照相机、高度计、姿态传感器、压力传感器、激光标尺等设备。在海底工作时，拖体在钢缆的带动下始终贴近海底 1~3 米"潜行"，移动完成摄像和拍照，实时采集、传输和记录相关数据并传至实验室。科考队员只需坐在电脑前，就能看到数千米深海瑰丽奇异的景象：广袤无垠的海底平原，自由游弋的海洋动物，形状各异的海洋植物……大有探秘未知世界的感觉。

船上的生活枯燥，当新奇来袭时是队员们最愉悦的时光。这种直观观察与采样分析相结合的方式，构成了我国深海环境调查的体系。

在西太平洋海山区和东太平洋多金属结核合同区，"向阳红03"船首次开展深海微生物原位富集培养实验，主要利用深海原位高压、低温、寡营养、黑暗等极端环境，富集和培养在陆地实验室无法培养的海洋微生物，如同把实验室搬到5000多米的深海海底。

"向阳红03"船还在西太平洋海山区布放的一套潜标上配备了时间序列水样采样器和浮游植物采样器。它们在海底工作1年，能获取海洋水文、海洋生物和海洋化学等观测数据，供科学家研究。

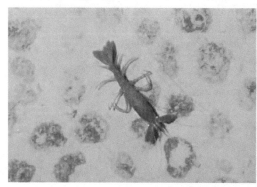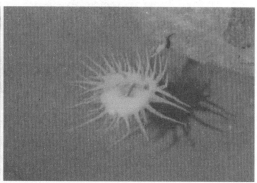

**光学拖体在海底拍摄到的海洋生物**

在不同作业区，"向阳红03"船连续调查了表层海水中新兴污染物微塑料、放射性核素，走航观测了海气二氧化碳、大气气溶胶以及气象等环境要素，为我国参与全球海洋环境治理、海洋生物多样性保护和海洋环境管理提供支撑。

3个航段分别获取了数座海山的海洋生物多样性与环境样品观测资料，综合调查了东太平洋多金属结核勘探区及邻近海域海洋地质和海洋生物多样性，还调查了中东太平洋海域海洋生物多样性与环境断面，获取了深海大洋的生物与环境样品和资料。

**科考队员拖放光学拖体入水探测。**

总而言之一句话：跟踪国际前沿科学问题，聚焦海洋生物多样性保护。

从起航到凯旋，在执行大洋45航次任务的130天中，"向阳红03"船航程1.5万海里，验证了船载技术装备和后勤保障水平，开展了高难度、大强度、远洋深海科考实践。

大洋45航次的科考队员林辉这样总结：正是凭借多种先进调查设备和手段的综合应用，以及多学科联合调查，才使得"向阳红03"船在西太平洋和中东太平洋开展大规模深海环境调查成为现实。

## 勇立潮头的"向阳红"

"向阳红",一个富有诗意的名字,书写了一段波澜壮阔的过往,绘就了一幅勇立潮头的新画卷,在沧海横流中演绎英雄本色。

"向阳红01""向阳红03""向阳红10"船只是新时代"向阳红"序列船舶的代表。此外,还有多艘"向阳红"船舶经改造或重新建造投入使用。

"向阳红06"船于2011年入列国家海洋局北海分局,由一艘箱型货船改建而成,具有远洋海底调查和环境监测、海洋浮标布放管理功能。其排水量4900吨,最大航速13.5节,续航力1.2万海里,现属自然资源部北海局。

"向阳红06"船

"向阳红07"船是近海航区综合性海洋调查船,排水量307吨,最大航速11节,续航力5000海里,2003年入列国家海洋局北海分局,现属自然资源部北海局。

"向阳红07"(原"海勘08")船

"向阳红08"船多次完成海洋调查的海试、黄渤海溢油巡视等任务。其排水量608吨,最大航速10.3节,续航力4800海里,2008年入列国家海洋局北海分局,现属自然资源部北海局。

"向阳红08"船

"向阳红14"船于1981年建成,航迹遍布太平洋,曾执行中美海气合作调查、西北太平洋环境调查和研究、南海调查等,排水量4400吨,最大航速18.7节,续航力1万海里,现属自然资源部南海局。

"向阳红14"船

"向阳红18"船于2015年建成,为最新一代的2000吨级海洋综合科考船,配备了深水多波束系统等船载调查仪器设备,排水量2380吨,最大航速15节,续航力8000海里,现属自然资源部第一海洋研究所。

"向阳红18"船

"向阳红 20"船原舰号为"实践"号，1969 年建成，是新中国第一代综合性远洋调查船，先后执行过上海至日本熊本海缆路由环境调查、全球海气相互作用的国际合作调查和 7 次中日合作黑潮调查。2013 年，该船被改造为"向阳红 20"船，排水量 3090 吨，最大航速 16 节，续航力 7500 海里，现属自然资源部东海局。

"实践"号

"向阳红 81"船 于 2015 年建成，为载人潜水器提供作业平台，排水量 390 吨，最大航速 13 节，续航力 1 万海里，现属自然资源部国家深海基地管理中心。

习近平总书记说："建设海洋强国，我一直有这样一个信念。"

我们可以从这句话里感受到总书记的海洋情怀。

"向阳红 81"船

从古代开始，我们就有"舟楫为舆马，巨海为夷庚"的海洋认知和"观于海者难为水"的海洋意识。现在，海洋是我们赖以生存的"第二疆土"和"蓝色粮仓"。加快建设海洋强国，"向阳红"系列船舶责无旁贷，有着更加光荣和艰巨的任务。

雏凤清于老凤声。愿"向阳红"系列船舶在新时代继续不辱使命，万里碧波启新程，一片丹心向阳红。

# "大洋一号"风雨录

如果说"向阳红"序列船舶为我国大洋科考立下了汗马功劳,那么"大洋一号"就是这个序列船舶之外的又一功臣。

20世纪70年代,"向阳红五号"船进入太平洋之前,中国对大洋的探测、调查和研究几乎是一张白纸。采集太平洋埃利斯群岛海域第一份锰结核样品,也仅是"向阳红五号"船一次利用"七一八工程"之便而为。虽然大洋科考的重要性之后被很多人建议尽快开展,但处于"文革"后百废待兴期的中国实在无力顾及深海大洋。

1982年,《联合国海洋法公约》生效,定义了国际海底区域。西方国家勘探和研究国际海底的工作早已起步,在此方面落后的中国才开始加入各有关国际海洋组织。

那一年,一份有关开启中国大洋科考的内参引起了时任中共中央总书记胡耀邦的注意。他在上面批示:中国要关注国际大洋的海底资源。

随即,中国开始参与国际海底管理局和国际海洋法法庭筹备委员会工作,也启动了国际大洋的科考活动。

1983年5月,"向阳红16"船起航执行我国首次太平洋底多金属结核调查任务。

1991年8月12日,时任联合国秘书长的德奎利亚尔向中国政府代表团颁发国际海底先驱投资者证书(后排右一为时任国家海洋局副局长陈炳鑫同志)。

1985—1989 年期间，中国在太平洋赤道区域、中太平洋海盆和东北太平洋海底进行了10 个航次的综合调查，累积用时 1200 天，调查面积达 200 万平方千米，在此基础上圈出了 30 万平方千米的优选海区。

1990 年 8 月 22 日，国务院批准国家海洋局代表中国政府以"中国大洋矿产资源研究开发协会"（简称"中国大洋协会"）的名义向联合国副秘书长南丹递交了"多金属结核矿区"申请书。1991 年 3 月，中国大洋协会在被批准为国际海底资源开发先驱投资者时，我国在太平洋上获得了一块 15 万平方千米的优先开辟区。

旗开得胜鼓人心。

中国在国际海底勘探开发领域，逐渐成为支持和促进国际海底管理局有效管理国际大洋海底这一"全人类共同继承财产"的中坚力量。

进入 21 世纪，我国科学家加大了富钴结壳、多金属硫化物资源调查的力度，足迹遍布太平洋、印度洋、大西洋，实现了大洋工作由勘探开发单一的多金属结核资源扩展调整为开发利用"区域"内多种资源，调查范围由太平洋向三大洋的战略转移。

执行过"718 工程"、首次全球大气试验、中日黑潮调查、中美海气合作调查的"向阳红"序列船舶，虽然屡立奇功，但是远洋能力、调查装备都存在某种程度的不足。国家海洋主管部门意识到，要真正实现进军三大洋的目标，必须拥有一艘专业的远洋综合科考调查船。

## 接船入列

1994 年，中国大洋协会从俄罗斯远东海洋地质调查局引进了一艘船，交由国家海洋局南海分局代管，首任船长是李立新。这艘船是苏联 1984 年在乌克兰赫尔松船厂建成的，名为"地质学家彼得·安德罗波夫"号地质地球物理科学调查船。

1995 年，李立新把引进的调查船开进了广州文冲船厂，接受大洋调查的第一次初步改装。该船被命名为"大洋一号"。

从 1995 年完成改装入列开始，"大洋一号"执行了东太平洋海底结核资源、西太平洋海底结壳资源两个远洋调查航次近 5 个月的调查，出色完成了国际海底管理委员会准予"先驱投资者"国在太平洋保留的 10.5 万平方千米开辟区的调查任务。这个相当于 1.3 个渤海大的太平洋多金属结核"开辟区"，通过科学选择再浓缩为 7.5 万平方千米，成为中国人子子孙孙都有权去开采深海资源的"开采区"。

1996 年 1 月 12 日，"大洋一号"的显著成果引起了媒体的重视，《南方周末》头版头条刊载中国海洋报社记者徐志良的特稿《太平洋里有块中国"地"》，《广州日报》则以

《中国人,"可下五洋捉鳖"了》为题公布了中国海洋科学家在太平洋里的显著贡献。

之后,"大洋一号"调整为由国家海洋局北海分局代管。1998 年 1 月 5 日,南海分局在青岛将"大洋一号"移交北海分局,滕征光担任船长。他清晰地记得:当年出海时,船长房间的窗户会漏雨。一下雨,水就哗哗地往里灌,经常不能睡,只得用胶布一层层地往上糊。遇到大风,船左摇右摆,像个"不倒翁"。

2002 年,为适应我国大洋资源研究开发从单一的多金属结核资源向多种资源的战略转变,"大洋一号"在上海中华船厂进行了第二次现代化增改装,目的是建成一艘接近国际先进水平的,能在未来 10~15 年期间满足我国在国际海底区域资源研究开发需求的,面向国内外开放的科学调查与深海设备试验相结合的综合性海洋调查船。

除了机舱,"大洋一号"从驾驶室到生活区几乎全部重整。改装的重点内容是:增装动力定位系统和关键调查设备;更新甲板收放设备;改善生活及安全设施;对实验室进行统一布局和建设;构建现代化船舶网络系统;提高通信、导航和驾驶能力。

"大洋一号"船长 104.5 米,宽 16 米,船底到桅杆高 33 米,满载排水量 5600 吨,吃水 5.6 米,全速航行可达 16 节,自持力 90 天,可续航 1.5 万海里。"大洋一号"通体白色,格外醒目,尤其是航行在蔚蓝色海面,更像一幅美妙的画卷。

"大洋一号"

船上有 54 间住舱、2 间餐厅、2 间会议室、1 间健身房、1 间桑拿房、1 间洗衣房、7 间公共卫生间,另有卫星电视系统和公共网络服务系统,最多配员 75 人。按照仪器设备在调查作业过程中的基本属性分类,"大洋一号"调查仪器设备共分 7 类:探测设备、取样设备、甲板设备、通用设备及通用传感器、实验室装置、生化现场测定设备和维护检测设备。

"大洋一号"从低到高依次是 5 层、4 层、3 层、2 层、1 层。5 层是全船最低处,最为平稳,设置了多波束及浅剖实验室、重力和声学多普勒流速仪实验室,也安装了多波束海底地形地貌测量系统和需要平稳的重力仪。

"大洋一号"科考船一角(张进刚 张嘉奇 摄)

深拖实验室、网络室、地质实验室、化学实验室、生物实验室和地震实验室等设在 4 层。深拖实验室是操控 6000 米深海拖曳系统的枢纽,可以实时监视海底探测设备作业情况。

后甲板是船上离海洋最近的地方。站在甲板边缘,看着蔚蓝的海水向后奔流,会有非同寻常的惬意。抬头可见高高的吊车和绞盘,它们是收放各种拖体、电视抓斗等调查设备的关键设施。

"大洋一号"内部

增装的动力定位系统保证船体按照预设位置精准取样,进行测线作业时,也能保证船体不受风浪影响,匀速直线航行。

改装后的"大洋一号"成为我国第一艘现代化综合性远洋科学考察船,具备多学科的调查、研究工作条件,可以开展海底地形、重力和磁力、底质和构造、综合海洋环境、海洋工程以及深海技术装备等方面的调查和试验工作。

# 进军三大洋

21世纪是海洋世纪。海洋面积约占地球表面积的71%，而海洋面积的71%是公海面积，也就是深海大洋。研究深海大洋对我国乃至世界发展都具有重要意义。

对21世纪初的中国来说，尤其如此。

"大洋一号"的引进，掀开了我国远洋科考新的一页，为海洋工作注入新的动力。我国的海洋主管部门于2005年初计划开展首次环球海洋科学考察，确定由"大洋一号"肩负船舶保障重任。

环球科考是大手笔，中国自古以来绝无仅有。即便是拥有200余艘船的郑和，虽然浩浩荡荡下西洋，场面壮观，但也只是到达非洲。

"大洋一号"从2005年4月2日在青岛起航，到2006年1月22日返回，横跨太平洋、大西洋、印度洋，历时297天，航程8万多千米，在当时创下了16项之"最"：我国海洋科考史上时间最长，新中国海洋科考范围最广，海洋科考里程最多，历次科考人数最多，单航段时间最长，人员连续在船时间最长，无食物补给时间最长，调查设备取样次数最多，获取海底长时间连续观测数据最多，设备在海底工作时间最多，获取样品数量、种类最丰富，获取极端环境下生物样品最多，历年单航次船舶操纵最多，船舶动力保障最长，中国海洋科考发现最多，完成考察工作量最多。

我国首次环球大洋科考航线示意图　　　　　"大洋一号"环球科考起航。

可以说，我国的这次环球科考具有里程碑意义，真正实现了20世纪70年代提出的"进军三大洋"的夙愿，完成了我国自主研制的深海装备的试验和验收，有效地锻炼了队伍，实现了深海勘探领域零的突破，开拓了新领域。

在太平洋海域，科考队用自主研制的电视多管沉积物取样器，首次获取了几乎保持原状的近 5000 米水深的海底沉积物和上覆水样品；在印度洋海域，科考队首次获取了一块重约 48 千克、长为 70 厘米的高品质热液硫化物烟囱体和一些生活在热液喷口处的海洋生物，为我国研究开发利用深海资源以及研究人类生命的起源提供了珍贵的科学依据。

科考队员在"大洋一号"上采集样品。

更值得一提的是，"大洋一号"船在航渡过程中，还停靠在了国际海底管理局所在地牙买加首都金斯顿。科考队访问了联合国国际海底管理局和牙买加政府，举办了展示活动，邀请国际海底管理局秘书长、牙买加政府副秘书长和有关部长、所有驻牙 28 个使领馆和外交使团的使节参加。"大洋一号"还为当地华人华侨、政府官员和科研人员举办了开放日，所有参观者都对中国政府在国际海底资源勘探开发方面做出的努力和取得的丰硕成果给予高度赞扬。

这些活动不仅加深了我国与国际海底管理局和东道主的友好关系，还有力提升了我国在区域活动中的国际地位，彰显了我国和平利用大洋的主张。

首次大洋环球科考极大地鼓舞了中国人的士气，更让科技界振奋不已。2005 年 12 月 13 日，刘东生、师昌绪等 23 位院士联名写了一篇文章，分析了国际形势和国内经济发展,建议我国制定海洋国策,积极参与新世纪大洋国际竞争。

文章指出,进入 21 世纪,许多国家在重新考虑自己的海洋政策。美国宣布成立直属总统办公室的海洋政策委员会;韩国提出了"21 世纪海洋韩国",计划从陆地型转为海洋型发展;日本斥资 6 亿美元建造了比美国的钻探船还大三四倍的大洋钻探船,明确提出要在海洋科学研究中"起领导作用"。这些国家政策的变化,目的都是加强海洋上的竞争和控制力。我国从来没有对海洋现状和政策进行全方位、长视野的评估,从来没有在国家最高层面为中国海洋国策做过定位。

文章提出,华夏振兴遇见了数百年难遇的大好时机,如能抓住机遇,确定海洋国策,走向深海大洋,受益的将不仅是当前,而且可望成为中华民族历史上的一次转折。

几个月后,国家发展和改革委员会、外交部、科技部、国土资源部、国家自然科学基金委、国家海洋局 6 个部委的有关负责人、专家,召开中国大洋事业"十一五"规划编制工作领导小组会议,充分讨论了大洋"十一五"规划的编制思路、原则、重点任务、基本保障等。

经反复讨论分析后,我国"十一五"期间大洋工作的主要任务确定:围绕"资源勘查研究与评价、深海技术发展、深海地球科学与环境研究、国家深海基地建设、综合经济技术和战略研究"等 6 个方面开展。

## 十年大洋行

只有壮怀激烈,敢于搏击,才永放光芒。接下来的十年,是"大洋一号"乘风破浪的十年。

2010 年 12 月 8 日,"大洋一号"从广州起航,再次执行环球科考任务 —— 中国大洋 22 航次。这次科考历时 369 天,航程 11.88 万千米,经历 9 个航段,是当时我国历时最长的一次大洋科考。科考调查区域涉及印度洋、大西洋和太平洋三大洋,又一次创造了我国大洋科考时间、里程、考察范围之最,开展了海底多金属硫化物、多金属结核、深海环境、深海生物基因和深海生物多样性等多项调查,取得了丰硕的成果。特别是在南大西洋、东太平洋多金属硫化物调查中取得了重大突破,新发现了 16 个多金属硫化物热液活动区,并首次在海上成功试用了由我国自主研发的深海技术装备—— 拖曳式资源综合探测系统以及深海底中深孔岩芯取样钻机,为我国此后在多金属硫化物热液区域的研究增加了新的重要技术手段。

2012 年 3 月 26 日，"大洋一号"前往南海，执行中国大洋 26 航次综合海试任务。50 天后，又于 4 月 18 日从海南三亚转赴印度洋、大西洋，开展多金属硫化物、生物资源和环境调查。整个航次历时 245 天，航程 3.8 万余海里。

"大洋一号"科考船的队员陆续登船。

这个航次还是"中尼两国海洋科技合作的开创性之旅"，开展了中国-尼日利亚首次联合调查。中国科考船在非洲国家专属经济区开展以我国为主的国际合作调查，在我国海洋调查史上是第一次。"大洋一号"在尼日利亚西部大陆边缘获得了高精度地形地貌和地球物理场特征，为尼日利亚在此区域的海洋地质和地球物理调查填补了空白，也使中非在海洋科技领域合作进入了新阶段。

中国大洋 30 航次是"大洋一号"首次在西南印度洋合同区执行科考任务。航次分为 4 个航段，从 2013 年 10 月 18 日起航赴南海海试到 2014 年 5 月 29 日回国，共 224 天，航程 3 万余海里，取得了丰硕成果。

在热液硫化物资源方面，科考队主要对西南印度洋洋中脊的热液活动区域及相关资源开展调查，通过地球物理、地质取样、热液异常探测、电法探测、无人遥控潜水机器人（ROV）观测、中深钻、深海电视抓斗取样等综合调查，新发现 7 个热液矿化点，11 个潜在热液异常活动点。

在海洋环境方面，科考队进行了生物资源、地理物理、环境和生物多样性调查，获取了大量水文、生物、地质资料，为我国研究该区域环境和全球气候变化提供了坚实的基础实测数据。

在大洋科考期间，西南印度洋还见证了我国大洋科考的多个首次：首次在西南印度洋洋中脊通过水下机器人（ROV）作业观察到正在喷发的活动烟囱口，首次在合同区成功试用中深钻并取得了最深达 5 米的硬岩和硫化物样品，首次进行新研制的 6000 米光电集成在线探测系统作业，首次在印度洋海盆区域获取了 3 米长的重力柱样品，首次测得深海热液羽流中的溶解氢气含量数据，首次开展西南印度洋的湍流剖面测量。"海龙"号水下机器人（ROV）在西南印度洋合同区海域 6 次下水作业，出色完成了 4 个有效站位的调查任务，拍摄了大量高清晰照片和全程水下作业录像，完成了 3 个近底标志物投放，创造了最长近底作业 8 小时、最长水下作业 12 小时的新纪录。"海龙"号告捷之后，科考队员还利用深海电视抓斗在海底成功抓取了大洋科考历史上单体体积最大的硫化物样品。

2014 年 11 月 — 2015 年 6 月，"大洋一号"用 215 天时间完成中国大洋 34 航次科考任务。前 4 个航段在西南印度洋我国多金属硫化物合同区开展多金属硫化物资源勘探，兼顾环境基线和生物多样性等调查；第五航段在中印度洋海盆首次开展了深海资源调查，同时开展了沉积环境和生物多样性调查。

2015 年 12 月 — 2016 年 7 月，"大洋一号"历经 216 天，圆满完成中国大洋 39 航次科考任务，在西南印度洋中国多金属硫化物勘探合同区开展了 4 个航段的资源勘探，在中印度洋海盆调查了深海资源。

"大洋一号"是我国大洋科考事业当之无愧的主力船，甚至在相当长一段时间内，几乎执行了我国大洋科考的所有航次，包括中国大洋 17 航次、18 航次、19 航

"大洋一号"科考船在码头静待起航。

次、20航次、21航次和22航次。自中国大洋22航次之后,"大洋一号"的航次任务不再连续,这意味着我国科学考察船不断增多,大洋科考实力不断增强。

也许"大洋一号"太累了,船舶和装备老化问题凸显,安全隐患上升,动力定位系统和海上作业能力急需提升。面对国内新型调查船陆续使用的现状,2016年,"大洋一号"再次改装。

改装围绕提高动力定位系统精度和作业甲板装备支撑能力两条主线入手,具体对主机、可调桨、齿轮箱、轴带发电机和船舶电站改装;换装ROV绞车和后甲板作业吊机,解决船体结构腐蚀和电缆老化等问题,改善生活设施,升级、优化计算机网络系统。

经过"开膛破肚大换血","大洋一号"容光焕发,再现"青春活力"。船体全新改观,船舶性能大幅提高,航速由9节提升到12.5节,最大航速可达14.5节;进一步改善和提升了船舶降噪、绿色环保、船舶信息智能化等。

重整上阵待远航的"大洋一号"于2018年12月10日从位于青岛的自然资源部北海局科考基地码头起航,前往印度洋、大西洋执行中国大洋52航次科考任务。

科考队员们挥舞旗帜与送行的人们告别。(张进刚 张嘉奇 摄)

中国大洋 52 航次任务经自然资源部批准，由中国大洋事务管理局组织，由 A 段和 B 段两部分、5 个航段组成。经过 228 天劈波斩浪，"大洋一号"航行了 33998 海里，在完成了多项科考任务后，于 2019 年 7 月 25 日凯旋青岛。

这个航次是对"大洋一号"大修后的一次检验。在我国西南印度洋多金属硫化物合同区，科考队利用"大洋一号"开展了环境调查、生物基因、海洋地质采样等多项作业，发现了 3 处矿化异常区，丰富了可培养微生物种类，为建立环境基线提供了数据。

在我国西南印度洋多金属硫化物勘探合同区和中印度洋中脊内典型热液区，科考队利用我国自主研发的"海龙三号"遥控无人潜水器（ROV）搭载大虹吸、小虹吸、激光拉曼、大容量洁净取水等 9 种调查取样设备，开展了 6 个潜次的下潜作业，获取了至少 4 个门 9 个科的生物样品，水下工作时间总计 29 小时，最大潜深 3600 米，全面剖析热液区生态系统主要环境因子的梯度分布，赋予了 ROV 新的"眼睛"探索未知的深海世界。

"海龙三号"

尤其值得一提的是，航渡期间，我国为来自智利、阿根廷、缅甸、菲律宾、肯尼亚和尼日利亚等国的 6 位受训学员，围绕地质、微生物、地球物理、地球化学和硫化物勘探海上调查等内容提供了海上勘探培训，向全世界展现了中国的国际担当。

烈士暮年，壮心不已。涅槃重生的"大洋一号"，依然"心"系海天，仍可继续服役 10～15 年，保持在国内一流调查船序列。

# 新的"深海""大洋"

在中国的海洋综合调查中,"向阳红"系列船舶无疑战功赫赫,而"向阳红 09"船可谓"黄沙百战穿金甲"。

"70 后"的"向阳红 09"船是现役"向阳红"系列中年龄最大的船,40 多年历经种种惊涛骇浪,频频书写壮丽辉煌。

## 老船新生

1981 年 12 月 11 日,"向阳红 09"船奉命执行黄渤海断面调查任务。

12 月 13 日午夜 1 时许,"向阳红 09"船在渤海航行。主机舱值班员发现右主机第六缸高压油泵低压回油管断裂,便立即放上一个棉纱,打算 10 分钟后等船停在作业点时再维修。不巧,航线上遇到海军潜艇训练区,必须要绕行。10 分钟的航程多花了几倍时间。

1 时 39 分,就在"向阳红 09"船航行期间,船舶震动致使破裂的回油管损坏加大,里面的燃油喷到排烟管上,又经过棉纱雾化,瞬间起火。

值班员面对突如其来的大火,马上停机,匆忙从机舱跑到驾驶室呼叫船长。留在机舱内的两名主机值更人员与副机值更员不熟悉机舱灭火设备,拿起小泡沫灭火器灭火,但是没有奏效。

1 时 40 分,驾驶室值班员副船长接到报告,迅速发出损管警报,向全船发出"机舱失火,不要慌张,按部署就位"的命令。

1 时 41 分,机电长立即组织人员封闭机舱,施放站式灭火剂,扑灭了机舱中、下部的大火。但由于停机时油泵、风机未停,火上加油,风助火势,飞速蔓延,迅雷不及掩耳地烧坏了电路,全船断电,完全失去了动力。

船长命令部分人员抢出信号枪和信号弹,在驾驶室外发出红色求救信号弹。

1 时 50 分,驾驶室等上层建筑全部起火,船上人员被迫集中到前甲板,一边穿救生衣,一边继续发射求救信号。"向阳红 09"船甲板下部是弹药舱和油漆仓库,如果没人施救,火烧过去,船会立即爆炸,直接威胁人员安全。

船长张静命令布放救生艇,投放气胀式救生筏,又将乙炔瓶、氧气瓶投入海中。全体船员和调查队员没有一个人擅自逃生、跳海或者呼喊,大家服从命令,听从指挥。张静最后下达了弃船的命令,同时派出两名船员到顶层罗经甲板抢出国旗,要求他们一定把国旗保护好,安全带回陆地。

张静说:"在海上遭遇不测时,保护好国旗是我们神圣的职责。"

"向阳红09"船处于危难之际。2时13分,海军旅顺基地老铁山观通站发现了求救信号,直接报告作战值班室。基地司令员刘佐立即指示,紧急实施救援。他率领舰船迅速赶往事发海域,指挥海军战士奋力抢救。

17时50分,"向阳红09"船大火被全部扑灭,保住了船体,避免了惨重的爆炸、沉没悲剧发生。

彼时的"向阳红09"船因圆满完成联合国气象组织的第一次全球大气试验而声名远播,是新中国海洋事业发展中不可多得的一艘海洋调查船。事故之后,国家海洋局北海分局研究决定:将"向阳红09"船进行恢复性修理。这个决定使"向阳红09"船后来又建立了许多卓越的功勋。

"向阳红09"船修复如初,出厂后迎来了许多重大科学调查任务 —— 中日合作黑潮调查、中美海气相互作用调查、中法长江沉积作用调查、图们江调查、中国大洋科学考察等。

进入21世纪,我国大洋科考瞄准深海。国家海洋局于2002年启动了7000米级载人潜水器项目。由于屡立战功,在载人潜水器研制即将完成时,"向阳红09"船被选定为我国"7000米级载人潜水器"试验母船。

2006年12月24日,"向阳红09"船开进中海工业集团上海立丰造船厂进行增改

改造后的"向阳红09"船

装改造。施工单位大刀阔斧地把船上主副机全部掏空,去除陈旧设备,拆解船艉部分舱室,增装了潜水器布放回收系统、4项辅助设施及超短基线,声学定位系统更新了电站和发电机组,改善了生活设施,构建了现代化计算机网络系统。

2009—2018 年,"向阳红 09"船载着我国首台载人潜水器"蛟龙"号先后成功完成 1000 米级、3000 米级、5000 米级、7000 米级海上试验和试验性应用航次,足迹到达南海、东太平洋多金属结核勘探区、西太平洋海山结壳勘探区、西南印度洋脊多金属硫化物勘探区、西北印度洋脊多金属硫化物调查区、西太平洋雅浦海沟区、西太平洋马里亚纳海沟区等 7 大海区,为我国深海资源勘探计划、环境调查计划、"973"计划、深海先导计划、南海深部计划的完成提供了重要的技术和装备支撑。

"向阳红 09"船吊起"蛟龙"号载人潜水器。

## "深海"载"三龙"

对于船舶来说,40 多年就算老龄了。"向阳红 09"船完成了"蛟龙"号海试和试验性应用的历史使命,将"接力棒"交给了"蛟龙"号新母船 —— "深海一号"。

2018 年 12 月 8 日,蓝白色船身、流线型船形的"深海一号"走上历史舞台。这艘由我国自主研制的第一艘载人潜水器支持母船在武汉下水。

"深海一号"船长 90.2 米,型宽 16.8 米,设计排水量 4500 吨,采用全电力吊舱式推进系统,续航力超过 1.2 万海里,自持力达 60 天,可支持"蛟龙"号全球无限航区执行下潜任务。

大洋人等待这一天已经多年。早在我国首台载人潜水器"蛟龙"号海上试验期间，大洋工作者就盼望着有一艘专门针对深潜工作的母船。到了2015年，国家发改委批准"蛟龙"号新母船项目可行性报告。船隶属中国大洋矿产资源研究开发协会，由中船工业第708所设计、中船重工武船集团承建。2017年9月，新船正式开建，定名为"深海一号"。

"深海一号"（李宝钢　摄）

"深海一号"是根据"蛟龙"号特点量身打造的，是目前世界上最新型、最先进的载人潜水器支持母船，既可开展综合科考，具备数据、样品的现场处理和分析能力，也能服务深潜作业，提供运载、就位、布放、回收、通信等水下、水面支持，拥有专门的"蛟龙"号维护保养机库，能大大提升有效下潜次数，提高作业效率。它的潜水器作业环境调查能力强，可以提供水文、地质、生物、气象调查数据。

按照绿色化、信息化、模块化、便捷化、舒适化和国际化原则设计建造，"深海一号"是具有国际先进水平的全球级特种调查船，可显著提升我国精细探索大洋资源环境的能力与水平，对维护我国海洋权益具有重要意义。

船厂设计别出心裁。"深海一号"巨大的斧形球鼻艏，能大大地减小兴波阻力，改善风浪中的失速性能，提高航速。同时，这个设计能降低气泡生成概率，降低船底噪声，减少对潜水器通信的干扰，有效提高载人潜水器水下声学定位和通信性能。

"深海一号"的设计理念、技术水平和科学调查能力均达到国际先进水平。

在绿色化方面,该船在我国科学考察船设计中首次在动力系统中引入了选择性催化还原系统,满足国际海事组织对氮氧化物排放限值的相关要求。

在信息化方面,配备先进的船载网络和超短基线等声学定位系统,采用水下辐射噪声控制设计和两套不同的水声通信机,确保潜水器深潜作业时与母船之间的图像、音频通信畅通无阻。

在模块化方面,该船具备便捷的移动设备配套能力,可搭载调查集装箱、遥控无人潜水器集装箱、移动绞车集装箱等。艉部主甲板和实验室布置了大量通用紧固件基座和集装箱箱脚,能灵活搭载调查设备。配备有6000米级无人缆控潜水器、无人无缆潜水器等系统,可搭载"蛟龙"号载人潜水器和"潜龙"号、"海龙"号无人潜水器同时开展深潜作业。

在便捷化方面,"深海一号"配备有多波束、浅地层剖面仪、多普勒剖面仪、温盐深仪等常规调查设备,相关调查数据可即时在船载实验室显示。配备"蛟龙"号专用的吊放A型架、运移轨道车等设备,满足"蛟龙"号布放、回收、维护保养的需求。

**"蛟龙"号可通过轨道进入机库(模型)。**

在舒适化方面,全船设60个床位,每个房间都有自然采光。机舱区域及主要设备采用双层隔振安装方式,振动噪声、水下辐射噪声指标均达到军工技术标准,为科考队员营造了舒适的生活工作环境。

在国际化方面,相较于美、俄、日、法4国的载人潜水器支持母船,"深海一号"的船舶性能更优,拥有更大的实验室、遮蔽作业库及甲板作业面积,具备新型的网络信息化系统、较低的水下噪声、多样化的调查能力、人性化的居住环境和全新的环保设计。

"深海一号"配备了全新的水面支撑系统。"蛟龙"号的布放和回收,依靠的是后甲板上的水面支撑系统,包括A型架系统和绞车系统等。

A型架系统由25吨提高到额定载荷30吨。如果说原来是"小车配大马",现在终于可以"大车配大马",能确保操作的稳定性。绞车系统从2个马达变为5个马达,动力更足,能够把"蛟龙"号提得更稳,从容应对恶劣的海况。

"深海一号"投入使用后,时刻准备着探索更远更深的大洋。

## "大洋号"全球行

与"向阳红09"船相比,"大洋一号"虽然年轻一点,但也服役20多年,亟须后浪推来。这个"佳音"在2019年7月26日传来。这一天,我国自主研制的4000吨级新型大洋综合资源调查船——"大洋号"在广州建成,顺利交付至自然资源部。

按照绿色化、信息化、模块化、便捷化、舒适化和国际化原则设计建造,"大洋号"的这个特点在我国属于首创。它代表了我国船舶工业和海洋科技的最高水平,是具有国际先进水平的新型全球级综合调查船。

"大洋号"总长98.5米,型宽17米,型深8.8米,设计吃水5.5米,设计排水量4656吨,经济航速12节,最大航速16节,定员60人,续航力1.4万海里,自持力60天,集多学科、多功能、多技术手段为一体,以大洋多种资源探查为主,同时兼顾深海多领域研究需求,可在全球四大洋开展深海资源环境调查作业。

"大洋号"(刘红宾　摄)

"大洋号"是贯彻落实习近平总书记海洋强国战略而建造的大洋调查核心装备,从船舶设计到施工建造都有着很高的要求。接到配合建造任务,自然资源部第二海洋研究所立即成立了领导小组和驻厂配建组,所长李家彪担任领导小组组长,副所长郑玉龙任驻厂配建组组长。相关工作人员广泛调研国内外先进科考船,充分汲取各方经验,科学制订实施方案,并引进船长、轮机长、机电员等专职人员驻厂配建。为确保"大洋号"的科考性能可靠,海洋二所还专门抽调了实验室技术人员,驻厂跟踪实验装备和科考装备的建造。

"大洋号"项目关键技术多、技术难度大,设计方中船重工 701 所成立了设计师团队,成员涵盖船、机、电等专业。他们充分调动资源,多次组织专项加班,有效保障对船厂的供图节点。为攻克"大洋号"的主要平台系统、减振降噪系统、调查系统等关键技术,设计团队组织参与了近 20 次专项技术研讨会和评审会。

建造方黄埔文冲公司成立了以总经理任组长的项目领导小组和副总工领衔的技术团队,集中了优势力量全力推进,先后攻关直叶桨安装调试、水下辐射噪声控制等 8 个重点项目,完成了全船 45 个分段、3 个总段搭载和推进系统等主要设备安装和调试,确保先进设计理念"落地生根"。

作为我国探索大洋资源环境与研究的重要基础平台,"大洋号"装备了超过 50 台(套)先进的海洋调查和观测设备,实验室面积超过 400 平方米,具备了高精度和长周期的海洋地质、海洋动力、海洋生态和海气环境等综合海洋观测、探测以及保真取样和现场分析能力。

除了强大的科考功能,"大洋号"的平台性能也达到全国领先、世界一流水平。

"大洋号"是国内首艘采用世界最先进的"可变速柴油发电机 –BPC 直流母排电力推进系统和双直叶桨推进器集成方案"的船舶,采用直流母排全电力推进,配备 4 套可变速柴油发电机组,实现全船最佳的节能环保工况。船艉对称设置两套具备减摇功能的超低水下噪声

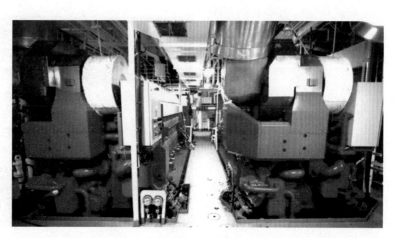

可变速主发电机

2750 千瓦直叶桨推进器。这些先进的技术装备使"大洋号"具有上佳的操控性能、优良的耐波性和经济性。

　　船艏设置了 1 台 1000 千瓦伸缩式全回转推进器，使全船具备较好的可操作性能和动力定位能力，以及良好的耐波性和抗风浪能力。"大洋号"可在 4 级海况进行深海遥控潜水器、深拖等调查设备的收放及直升机悬停作业，在 5 级海况进行海上定点调查作业。船体冰区支撑达到 B3 级，可满足穿行四大洋的要求。

**大功率直叶桨推进器**

　　船底安装有双升降鳍和导流罩式声呐舱，甲板上下配备了先进便捷的作业支持系统、模块化的综合集装箱系统和海气及遥感探测系统，可搭载 2D 数字地震系统、国产大深度精细取样和探测型水下机器人系统以及深海拖曳探测系统等一系列国际尖端的海洋调查设备，海上综合实验能力和信息化系统功能强大。

　　依靠这些先进的调查设备和科考平台能力，"大洋号"

**双升降鳍**

不但能勘探考察大洋底部的复杂矿区，还可兼顾相关深海领域科学研究，执行大洋海底固体矿产资源、大洋生物（基因）资源、大洋环境信息资源、大洋中脊与海底深部、大洋动力过程与海气相互作用、大洋生态系统及生物多样性等多项大洋调查任务。

"大洋号"的建成无疑是为我国大洋资源环境调查及深海科学探究增添了一个重器。它将与"大洋一号""向阳红"等系列科考船优势互补、协力探海，进一步提升深海大洋调查支撑保障能力，在推动我国大洋资源战略、提升我国深海大洋科学考察水平、参与国际海域治理并履行承诺等方面发挥不可替代的作用。

# 第二章　两极利器

南极代表着纯净、安宁与奇妙，北极是辽阔浩瀚的白色海洋……两极是圣洁之地，时时冰清玉洁；也是神秘之地，处处蕴藏未知；还是灵秀之地，孕育着有趣生物。一南一北，极地让世人心驰神往，吸引着科学家探秘。

我国从 1984 年开始，每年都会派出考察队乘船南征，为人类和平利用南极做出中国贡献。从"向阳红 10"船到"极地"号，再到"雪龙"号，30 多年的南极考察，建设了中国南极长城站、中山站、昆仑站和泰山站，取得了一系列科考成果。

1999 年 7 月 1 日，我国首次组织北极科学考察，全国 20 多个有关科研单位的科研人员和船员合计 124 人搭乘"雪龙"号极地考察船穿过北极圈，进入北冰洋，开展海洋环境综合性考察活动。20 多年来，我国组织了 10 多次北极考察，建立了黄河站，穿越三大航道，取得了一系列科考成果。

2019 年 7 月，我国自主建造的首艘极地考察破冰船"雪龙 2"号交付使用。2019 年 8 月 15 日，"雪龙 2"号赴我国南海试航。2019 年 10 月 9 日，"雪龙"和"雪龙 2"首次携手，奔赴南极执行第 36 次南极考察。两船在历时 198 天，行程 7 万余海里后，于 2020 年 4 月 23 日凯旋上海，完成了 62 项既定任务，取得了丰硕成果。

"双龙探极"开启了我国极地考察新格局。

# 冰雪之地向阳红

南北两极是地球上最寒冷的地方,也是人类向往的地方。为了探索两极,世界各国的有志之士告别祖国和亲人,甚至把生命置之度外去发现它们、认识它们。

## 法国之约

1971 年 2 月的一天中午,刘汉惠正在位于北京市东城区东长安街 31 号的国家海洋局机关小院打羽毛球,忽听同事喊:"汉惠,有人找你。"

"谁啊?"

"外交部的。"

刘汉惠放下球拍,心里琢磨:怎么这时候找我?

外交部来了位女同志,名叫冯翠。见到刘汉惠,她问道:"你是负责外事工作的吗?"

"嗯。"刘汉惠应了一声,不知道发生了什么事。

冯翠告诉刘汉惠,法国发出邀请,让我国组织一个代表团参加一个海洋展览会,希望国家海洋局组团派人。

刘汉惠当时在国家海洋局外事处工作。他琢磨,局里一来没有条件,二来语言不通,没法派人,当即谢绝了。

不曾想,第二天,冯翠又来到国家海洋局找到刘汉惠,郑重地说,周恩来总理最近有指示,"文化大革命"以来,我国与欧洲国家科技交流基本断绝了,应该借此机会派出代表团访问法国,以恢复我们与西方的联系和沟通。

当时的中国正处于"文化大革命"时期,国家海洋局成立仅仅 6 年,各项工作还没有顺畅开展,外交上的事情更无任何经验。刘汉惠思索了一下,回复冯翠,向局领导汇报后再定。

时任国家海洋局局长沈振东听完汇报,马上决定,周总理的指示要认真落实,抓紧办。

距离赴法国的时间只剩一个礼拜了,需要向上级报告,遴选出国人员,办理护照,还要政审 …… 刘汉惠琢磨,时间相当紧迫,怕是来不及。他找到外交部,说明了难处。

外交部认为,应直接给周总理写报告,附上出国代表团名单。

后经研究确定,由当时的农林部、交通部及国家海洋局有关同志组成代表团,请刘汉惠连夜起草出国请示。很快,请示报告被周恩来总理批复,毛泽东主席圈阅。

1971 年 2 月底,国家海洋局、交通部、农林部共 8 个人组成考察代表团出访法国。

1971 年初,法国航空公司大罢工,直飞巴黎的飞机停运。还没启程,出行的难题就摆在面前。

几经周折,几番打听,代表团确定了出行路线:北京 – 伊尔库斯克 – 莫斯科 – 巴黎。

1971 年 3 月,以国家海洋局第一海洋研究所副所长明晨为团长的访法代表团飞抵巴黎。

和刘汉惠一样,代表团其他成员都是第一次出国。在飞机下降到巴黎的时候,他们从空中俯瞰欧洲大地,倍感惊讶:五颜六色的农田,繁花似锦的城市,鳞次栉比的高楼,令人目不暇接。

代表团受到了法国高规格的接待,先后访问了马赛、波尔多等沿海城市,听取了一系列海洋开发报告会,参观了各类海洋展览会,了解了水上、水下多种先进的海洋设备。这些活动使代表团成员大大开阔了眼界。

这次走出国门,促进了我国与其他国家越来越多的海洋国际交流与合作。

中国代表团在法国诺曼底海滩。

《法兰西报》报道代表团访问一事。

1977年，以时任国家海洋局局长沈振东为团长的中国代表团再次赴巴黎出席联合国教科文组织政府间海洋学委员会第十届大会。会议结束后，代表团受邀参观法国南极考察委员会。

看着法国的考察站、科研成果以及丰富的图片，代表团被吸引了。

沈振东问法国南极考察委员会的负责人，如果中国派人跟着他们参加南极度夏考察，他们愿不愿意接受。

负责人当即表态：可以。

回国后，刘汉惠立即与法国进行联系。沟通的结果是，中国可以去4个人。确定了人员后，法国方面为他们准备好服装、南极用品等物资，到菲律宾接人。

国家海洋局确定了4个人选：马邵勇、李全兴、陈德鸿和一个翻译。刘汉惠抓紧时间为他们办出国手续。被选上的4个人住在海军招待所，填写材料、体检、购买相应物品，做着出发前的准备工作。

一切准备妥当，只等法国的通知了。

谁知，这个时候，外交部给刘汉惠打了一个电话说，法国来了一个照会，由于法国正在进行总统大选，不便接收中国人去南极度夏科考。

刘汉惠与4位被选者心里一凉：唉，都准备好了，就这样吹了。

有意栽花花不发，无心插柳柳成荫。法国之约没有成行，刘汉惠心里十分遗憾。就在这时，外交部再次打来电话。

## 初探南极

1979年，澳大利亚南极考察委员会给中国科学院副院长钱三强写了一封邀请信，邀请中国派人到澳大利亚南极站度夏。

中科院将此事报给外交部，外交部马上给刘汉惠去了电话，问国家海洋局有没有兴趣参加。

刘汉惠一听就比较兴奋,马上表示:最有兴趣了,上次跟法国没去成,这次我们应该去。

经过协商确定,中国科学院派张青松,国家海洋局派董兆乾,两人一同前往。

1980年1月12日,董兆乾和张青松乘坐大力神飞机抵达南极,成为第一批登上南极的中国人。兴奋之中,董兆乾拿着相机和摄像机一口气在周围摄了三圈,这些镜头后来成为我国第一部反映南极的纪录片《初探南极》的主要素材。

"到南极,说不害怕,肯定是假的。"董兆乾碰到第一场极地暴风雪时,躲在澳大利亚考察站内,听外面暴风呼啸,风速约达每秒50米,卷起大陆的巨型石块,打在建筑外墙,使房子摇摇欲坠。

在这样的环境下,董兆乾详细记录下相关国家在南极的建筑物、考察队的现场运行、队员的衣食住行、安全保障、交通运输、通信联络等,运回几百千克的样品,提交了5万多字的综合报告。

历尽艰险,圆满完成了任务,董兆乾和张青松于1980年3月21日回到北京。5月,澳大利亚南极局局长访华时对时任国务院副总理方毅说,两位中国科学家表现"Excellent"(优秀),已经是"南极人"了。

董兆乾(中间)和张青松(右一)

## 崛起长城站

1983 年 6 月 8 日，中国以缔约国的身份加入《南极条约》。9 月，郭琨、司马俊和宋大巧以观察员身份代表中国第一次出席第十二次《南极条约》协商国会议。

当会议讨论到实质性内容或进入表决议程时，会议主席拿起小木槌一敲："请非协商国的代表退出会场，到会议厅外喝咖啡！"

会场上的这一"突然袭击"是中国代表团始料未及的，更让人未想到的是，连事后表决的结果也不被告之，原因是中国在南极没有建立考察站，无法成为协商国，没有表决权。

郭琨心中十分郁闷，当即立下铮铮誓言："中国不在南极建成考察站，绝不再参加这样的会议！"

1984 年，组织南极考察列入国家年度计划。

船是南极考察必不可少的装备。当时的中国没有破冰船，也没有抗冰船，只有为数不多的几艘远洋科学调查船，远征南极充满风险和挑战。"向阳红 10"船和海军"J121"号因在同类船中性能最好，进入了挑选范围。

**海军"J121"**

"向阳红 10"船是毛泽东主席和周恩来总理亲自批准建造的"特种调查船"，是能为执行我国发射远程运载火箭服务兼具远洋通信、远洋气象保障的万吨级调查船，优良的性能在当时的国内绝无仅有。

"向阳红 10"船承担过多种历史使命：勘查公海大洋适合我国发射远程运载火箭试验的海上靶场，发布所选海区的中、短期天气预报和危险天气警报，为"远望"号航天测控船等参试船队和火箭发射、飞行试验等提供准确的水文、气象保障；调查试验海区的地球重力场、磁力场,为弹道修正及准确飞行提供地球物理资料;保证远洋通信和试验时的转信及通信频率预报;调查试验海区水下声波(声场)的传输及分布特征,为确保运载火箭数据舱在预定海域(落区)落水后的打捞回收,提供"落区"海域的水声布阵资料;承担运载火箭试验的海上靶场直升机的遥测保障任务等。

根据国外船舶的常规分类,承担上述任务的船舶通常应为调查船、天气船和通信船三类专用船。"向阳红 10"船集合了这些特点,独具一格。它的设计排水量 13800 吨,上下 10 层甲板采用约 7000 吨优质钢材建造,安装了近 9000 台仪器仪表,铺设管路(道)约 29 千米,敷设各种电缆长达 190 千米。

这还不算,"向阳红 10"船还装备了五大系统:大型舰载直升机系统,可满足一架"超皇蜂"型直升机长期在海上使用;气象中心系统,可承担中短期天气预报和危险天气警报;全天候远洋通信系统,可保障多网络大容量全天候数据通信和中继转信;大功率海洋水声系统,可以长时间连续进行海洋水声测试和声呐设备试验;防摇鳍平衡系统,能在 9 级风浪中开展漂泊调查作业,能在 12 级风浪中安全航行。

"向阳红 10"船的外观流畅、布局合理、性能优越、设备先进、质量可靠,令它从众多船中脱颖而出,成为国家选择南极考察船舶的首选。

1984 年 10 月 8 日,中国首次南极考察船编队组队完毕,编队下辖"向阳红 10"船、海军"J121"船、南极洲考察队、南大洋考察队,队员由 23 个部、委、局 60 个单位的 591 名航海人员、科学家、施工人员及媒体记者组成。国家南极考察委员会、国家海洋局和海军等经充分研究决定,由时任国家海洋局副局长陈德鸿担任首次南极考察的总指挥兼临时党委书记。考察队队长正是曾立下誓言的国家南极考察委员会办公室主任郭琨。

出征前夕,邓小平挥笔题词"为人类和平利用南极做贡献",吹响了"向南极进军"的号角!

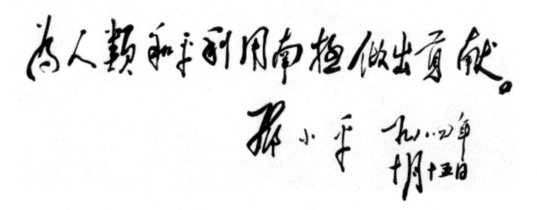

1984 年 11 月 20 日，中国首次南极考察船编队"向阳红 10"号远洋科考船和海军"J121"打捞救生船，在国家海洋局东海分局码头起航，奔赴南极。

穿越赤道时，船队遇到了高温挑战。高温导致"向阳红 10"船的高压油泵发生故障。轮机班的同志顾不上 54℃的高温和晕船反应，一边抢修，一边呕吐，很快排除了故障。

"向阳红 10"船的故障刚被排除，"J121"打捞救生船的右主机第一缸冷却水套管支架又发生断裂。考察队考虑再三，决定采取不得已的应急措施：封缸航行，紧急避险。

幸运的是，接下来的狂风恶浪竟没有让海军"J121"打捞救生船出现问题，封缸持续航行了 25 天，直到靠岸后，才更换了从国内空运来的支架。

还没完全适应远洋航海生活的考察队员们，进入了西风带。海面上刮着超过 12 级的狂风，掀起 20 多米高的巨浪，像一群群势不可当的变形怪兽，夹带着雷霆万钧之力，似乎要吞噬掉船上的一切。考察船时而被举上浪峰，时而被抛入波谷，巨大的冲击力把后甲板上 5 吨吊车的操纵台掀翻，船头发出"咣当、咣当"的巨响，整个船体令人揪心地颤抖。

"向阳红 10"船上举办穿越赤道活动。

突然，一阵飓风把通信联络天线刮倒了，指挥台被砸出一条缝，船艉处出现了 18 个焊接性裂缝！

陈德鸿当机立断："关闭水密窗，防船沉没。调整船体，使航向和风向始终保持 20 度角，顶风前行！"

1985 年 1 月 26 日，考察队进入南大洋和南极圈考察，遇到了 13 级台风。狂风卷着恶浪袭击着科考船。船大幅度颠簸，倾斜角超过了 40 度。一多半队员强烈晕船，船上的气氛越发沉闷。船长张志挺指挥若定，操船有方，水手们提早关闭水密门，冒险抢救后甲板缆绳，保住了船的安全。

一首题为《十分难受》的打油诗成为形象描述晕船的真实写照："一言不发，两目无光，三餐不食，四肢无力，五脏翻腾，六神无主，七上八下，九（久）卧不起，十分难受！"

与惊涛骇浪经过几番殊死搏斗的考察船编队终于驶出了西风带、突破了台风，很快到达南极洲西南极乔治王岛海域。

**海军救生船**

如何将考察船装载的 500 多吨 1000 多种建站物资卸到岸上，成为首要难题。

没有码头，物资就无法运送。于是船员们便赤膊上阵，在风雪交加的冰冷海水中人工打桩，在风吹浪打的乱石滩夯实地基造码头。随船的军人组成突击队，跳进齐腰深、漂着冰凌的海水中，将钢桩打入海底。

整整 5 天 5 夜，队员们的"肉搏战"终于有了战果，一座为建设长城站而突击修造的码头——长城码头完工。

科考船无法靠岸，队员们便将物资

**中国首次南极考察队登上南极洲。**

通过吊车卸到小艇，再运到岸边。在科考船锚泊的民防湾里，涌大浪高，大船摇摆不定，船上的吊车更是晃动得厉害，而小艇像树叶一样在水中摆动，想要将物资准确地卸到小艇上就要在船、吊车、小艇三者的晃动中，寻找相对静止的那一刻，可那一刻稍纵即逝，很难把握。

就这样，队员们又花了 10 天时间将 500 吨建站物资卸到岸上。

建站开始，队员们每天劳动 16 个小时以上，晚上就地钻进睡袋，第二天醒来，上面一层落雪。

正是在这样的环境中，队员们艰苦工作 45 天后，两栋 360 平方米的考察用房、4 栋辅助房、1 座气象站和 4 个 20 米高的通信铁塔建成。

考察队员在帐篷里研究建站施工方案。

1985 年 2 月 14 日 22 时，中国第一个南极考察站 —— 长城站巍然矗立。2 月 20 日上午，长城站落成典礼在大雪纷飞中举行，队员们高唱国歌，激动不已。

长城站落成典礼

至此，我国成为在南极建站的第 17 个国家，同年 10 月，又成为"南极条约协商会议"的成员国。中国在国际南极事务舞台上的话语权增强了。

首次南极考察家喻户晓，在国内外产生了广泛影响，凝结了"爱国、求实、创新、拼搏"的"南极精神"。1985 年 5 月 6 日，党中央、国务院在中南海怀仁堂举行"我国首次赴南极考察队员庆功授奖大会"，党和国家领导人亲切接见南极考察立功嘉奖代表。

长城站站区

# 冰封"极地"

长城站建成后,中国开始了一年一度的南极考察。

首次南极科考证实了船舶的重要性,"向阳红10"船和海军"J121"号不具备长期跑南极的条件。1985年10月31日,国家海洋局从芬兰购置了一艘具有抗冰能力的"雷亚"号杂货船。"雷亚"号由芬兰劳马船厂于1971年建成,具有1A级破冰能力,能破冰80厘米。船购入后交给上海沪东造船厂改装,加了人员住舱、极地科考设备、直升机平台机库、减摇装置等,更新了导航设备和通信设备,使之成为一艘多功能、多用途、综合性并适宜于高纬度高严寒海域航行的船舶。这艘专门用于南极考察的科学考察船,被更名为"极地"号,交由国家海洋局北海分局管理。

中国南极科考,终于告别没有专业破冰极地科考船的"裸奔"岁月。

## 奋力建"中山"

"极地"号科考船具有抗冰性能,负责执行极地考察及运输任务,一投入南极,便激起了波澜壮阔的征程。

就1400万平方千米的南极大陆来说,仅仅在西南极洲南极圈附近进行考察还远远不够。在党中央、国务院领导下,我国海洋管理部门开始谋划在东南极洲拉斯曼丘陵建立第二个南极考察站。

拉斯曼丘陵位于东南极大陆边缘,是南极大陆为数不多的绿洲之一。在这个位置,进可深入南极内陆,退可航行海上,非常利于南极科考。中国计划在此建设第二个考察站中山站,承担运输重任的就是"极地"号科考船。

1988年11月20日,阳光明媚。国家海洋局北海分局码头上停靠的"极地"号科学考察船装扮一新,中国首次东南极考察队116名考察队员精神抖擞。

时任国家科委副主任李绪鄂将邓小平同志亲笔题写的"中国南极中山站"站名铜牌授予考察队。伴随着一阵汽笛长鸣,考察队员们踏上征途。

经过20多天的航行,"极地"号在澳大利亚霍巴特港补给后穿越西风带,按既定航线进入南极冰区普里兹湾。

航行中的"极地"号

在密集冰区航行,船艏要推开巨大的浮冰。队员们在船艏观察瞭望,发现船艏破了一个大洞,立即向船长魏文良报告。魏文良带着大副滕征光等赶到现场,发现船壳钢板被冰撞出了一个长约1米、宽约0.5米的椭圆形漏洞,位置在船艏左舷舱压载舱水线附近。

"极地"号停下来,船队领导商议、确定了处置方案:一是调整船的吃水,将船艏部位压载舱水排除,船艉部位的压载舱水注入,使船艏抬高,漏洞离开海面;二是派人下到水面,用钢板把漏洞焊补起来;三是在冰区航行时适当降低船速,减少和浮冰的撞击,防止船壳受损。

普里兹湾海冰密集,"极地"号航行受到陆缘冰阻挡,队员们在等待中抓住冰面开裂的机会慢速向沿岸航行。利用一周左右的时间,"极地"号终于来到了近岸,找到一片约50米水深的水域,抛下锚准备卸货。

就在此时,船的左前方突然"砰"地传来一声闷雷般巨响,瞬间腾起的耀眼白雾直冲蓝天,几十米高的冰崖犹如巨厦倾覆,飞起的冰块猛地砸向大海,激起滔天水柱……陆缘道克尔冰川发生了罕见的特大冰崩。"极地"号前后左右顷刻间被大大小小的冰丘、浮冰死死围困。

"极地"号被浮冰围困。

怎么办？对于从未到过东南极、毫无经验的科考队来说，最好的办法是求助。考察队领导和魏文良乘坐直升机到附近的俄罗斯进步站咨询冰况如何发展，下一步如何应对。俄罗斯友人表示，现在"极地"号处境危险，可能会被冰挤到浅滩上触礁，建议立刻疏散队员，到南极陆地上扎营。

考察队领导和魏文良回到船上立即做出决定，先将科考队员送到岸上，再用直升机卸下帐篷、工具等；全体船员坚守"极地"号，检查船壳、水线下密闭舱室及机械设备，保证船体安全与机械设备的正常运转；值班人员密切观察冰情变化，抓住机会突围；冰困期间，留船人员继续做好卸货建站准备，绝不放弃建站目标，努力完成建站任务；一旦不能摆脱冰困，最坏的结果是做好在南极越冬准备。

大家开始忙碌起来，所有人都没有放弃建站的希望。驾驶员和水手拿着铅制水铊走在冰上，从冰缝中测量了120多个水深点，以评估船周围是否安全，也了解到浮冰漂移后是否有航行出去的希望；大副滕征光带领船员检查螺旋桨、舵叶舵机有没有损坏；科考队员背着包从冰面走上陆地"安营扎寨"；卸货工作也同步艰难展开……

冰崩发生7天后，在潮汐和风力的作用下，船上值班人员观测到前面两座冰山之间距离有所加大，魏文良和驾驶员立即乘坐直升机从空中实地查看，船附近的两座冰山间出现了一条宽50多米的水道，可以从中突围出去。

回到船上，船长魏文良立即通知备车起航。用了近两个小时，"极地"号终于从两座冰山的缝隙中成功突围，在船人员欢呼雀跃，高喊："我们成功了！我们胜利了！"

船刚冲出来，两座冰山很快合拢，如果再延误，很可能继续被困，甚至船毁人亡。

突围后，"极地"号船重新选择了停靠点，队员们每天工作十七八个小时，边卸货边建站。船员们有的开吊车，有的驾小艇，在冰冷的暴风雪中将物资一趟趟卸到陆地上。小艇数次被封在冰里，既到不了岸上，也回不了大船。船员担心机器被冻坏，情愿自己在刺骨的寒风中瑟瑟发抖，省出棉被给机器盖上。

建设中的中山站

时间紧、任务重，队员们轮流工作，夜以继日。经过约 1 个月齐心协力的奋斗，队员们终于完成了建设中山站的目标。当五星红旗在中山站高高飘扬时，116 名队员纷纷难遏激动的泪水，面向北方高喊："五星红旗已在南极上空升起！"

中山站一角（吴琼　摄）

## 两船征南极

自1990年起,中国极地考察工作由建站为主转入以科学考察和资源调查为主。中国第七次南极考察同时派出"极地"号和"海洋四号"船执行两船两站任务。

"海洋四号"是一艘3000吨级考察船,抗冰和抗风能力比较弱,除了在长城站卸货外,还承担地震调查作业任务。目标海域是陌生的,中国船只从来没有去过,毫无经验,如何确保安全是首要任务,也是重中之重。

**"海洋四号"船**

出征前,船长滕征光赶赴广东省地质局,了解所有任务及工作安排,又去"极地"号复印了海图,查找了许多外国资料,仔细了解目标海域的地理环境、气候条件,认真设计了航路、进出航道、锚地等,做了一套完整的航行方案。

1990年12月,"海洋四号"顺利抵达长城站,圆满完成了卸货任务,又赶赴南极布兰斯菲尔德海峡开展水深、重力、磁力、地震及海洋地质综合调查。没想到在"欺骗"岛遇到了超强暴风雪。

那是一个天气不错的早晨,"海洋四号"上的科考队员一大早就准备着作业设备,进行柱状取样。仅一个上午,队员们就打了好几个桩,最深到7米。首席科学家王光宇高兴地说:"今天超水平发挥了。"

不想,下午两点多,海风渐大,船摇摆得厉害。滕征光觉得不对劲,马上研究了气象资料,又看了看云层,望了望海面,发现一道长涌涌来。"可能会有非常恶劣的天气。"滕征光马上对王光宇说,"有个气旋要过来,我们收工撤退吧。"

"天气还算好吧,今天战果不错,再做两个桩吧。"对南极气候突变没有经验的王光宇不愿放弃。

"来不及了,得赶紧撤。"

王光宇半信半疑地下达了收工的命令，立刻往回取桩。1个小时过后，队员将柱桩取上来，发现已经弯曲了。

此时，天空已经飘下了雪花，风力达到8级。"海洋四号"冒着风雪向六七海里外的"发现"湾驶去。

雪越下越大，船上的舷窗、驾驶窗全部被雪盖满、结冰。从船里往外看，什么也看不见。滕征光将船上两部雷达同时打开，艰难地向前航行。如果不能及时到达"发现"湾，很可能会翻船。

此前，中国人谁也没有到过"发现"湾，对那里下面有没有礁石、海冰情况如何一无所知。滕征光依靠雷达，小心翼翼地在海峡中间驾船行驶。

没多久，"发现"湾到了，船顺利进入锚位，停机抛锚。"格拉拉"的抛锚声响起，船却依然大幅度漂移着。大副赶紧告诉滕征光："刹不住锚。"此时风力差不多为12级。

滕征光马上下令重新启动主机，用动力顶住大风，再次抛锚。这一次，抛了8节锚链才将船抓住。

王光宇问："是不是没进湾？为什么风还这么大，摇得这么厉害？"滕征光笑着说："首席啊，要是没进湾我们就玩完了。"

船员们轮流在驾驶室值班，开着主机顶着风。忽然，"咣"的一声，后甲板传来巨响。大家吓了一跳，一看是机舱直径40厘米的通风口在风力和船的摇摆的共同作用下断掉了。熬了一晚上，第二天风小了，天气转晴。船员拿起通风口发现，12个螺丝中10个是断掉的新印。

"这风真是太大了。"一名船员不禁叹道，"我们幸运地躲过了一劫。"

# "龙"行天下

一转眼,"极地"号科考船已七下南极。随着我国南极考察不断深入,"极地"号的劣势越来越凸显,稍微厚一点的冰就可能带来安全隐患,每一次抵达中山站,都会停在很远的地方卸运物资,时间和人力成本急剧增加。种种形势呼唤一艘新的极地破冰船。

拥有极地破冰船的途径只有两个:"造"或者"买"。当时,国内生产的钢板质量不行,焊接技术达不到特定要求,建造经费预估需一次性支付3亿多元人民币,且国内没有建造大型破冰船的经验。

第一条路一时走不通,只有买了。只要价格合适,破冰技术成熟,船龄低于10年的都可以考虑。但是,哪里有呢?

恰在这时,中国远洋公司向国家海洋局提供了线索:苏联解体后,乌克兰有一批船计划售卖,其中有8条具有破冰能力的万吨级极地运输船。

## 迎接"雪龙"

1992年10月9—18日,国家海洋局、国家南极考察委员会派遣我国科考船舶设计专家、中科院院士张炳炎为首的勘察小组赴乌克兰调研。

第一次到达刚从苏联解体分离出来的乌克兰,张炳炎感觉市场一片萧条。进入赫尔松船厂,他发现厂房面积很大,设备也较先进,员工有1万多人。

第一次看到破冰船时,船已经下水,靠泊在船厂码头。船体建造工作已基本结束,驾驶室内部、机舱集控室、直升机平台还有许多工作尚未完成。船的底部到顶层高33米,给人的感觉是"粗壮结实"。船艉有装载直升机的库房和平台,艉部右舷有滚装门,可以运输车辆。3个大货舱分为上下两层。

"多么符合我国极地考察的多功能船要求啊。"张炳炎心里很高兴。

尽管性能优良,价格便宜,勘察小组也没有马上表现出来。南极委的吴军与乌克兰方面在船舶建造、性能特点、交船时间、价格等方面展开了胶着的谈判。最终确定的价格是1700多万美元,1993年交船。

勘察小组向国家海洋局、国家南极考察委员会提交了考察报告,结论是:"该船性能良好，价格便宜，应抓住机会下决心购买，机不可失。如在国内建造这样一艘船，1亿元人民币是绝对造不出来的。"

经时任国务院总理李鹏、副总理邹家华批准，动用当年的总理备用金，连同国家计委配套投资，凑够了1亿元人民币。

1993年夏日的一个深夜，一阵急促的电话铃声把"向阳红10"船船长沈阿坤从睡梦中惊醒。

电话是国家海洋局工作人员打来的，叫他立即赶到北京，与时任国家海洋局副局长陈德鸿一同赶往印度，去接破冰船。

接破冰船的过程中，当船离开亚丁湾驶入印度洋时，季风来袭，一个又一个气旋让这个2万吨的大家伙"摇摆不定"。行至阿拉伯海，破冰船发生机械故障，导致动力不足，难以抵挡排山倒海的浪涌，只能改变航向，驶入印度孟买港锚泊修理。故障排除后，翻涌的海浪让破冰船难以继续航行。南极委决定让破冰船在印度西海岸中部的芒格洛尔港休整。

到了印度芒格洛尔港，陈德鸿和沈阿坤发现，实际情况比想象的更为严重：在船上，有的人把救生圈时刻放在舱中，有的人直接穿着救生衣睡觉，还有的船员竟然睡在走廊过道里，以便可以尽快登上救生艇。不仅如此，船上的领导之间意见也不统一，再加上技术问题、航线选择问题、船的配载重心问题……破冰船状况百出。

陈德鸿和沈阿坤研究后，找到当时的两位船长，分析破冰船陷入困境的原因。

陈德鸿说："破冰船之所以到了不可收拾的地步，主要还是航线选择出了问题。你们以为沿着印度海岸航行，离岸近，遇到危险可以随时躲进沿途港口。其实这样最危险，因为西风带掀起的特大涌浪，必然扑向印度沿岸，撞击岸边礁石所产生的回击浪更加猛烈，所以抛锚的船仍然不稳。"

听了陈德鸿的分析，两位船长连连点头，并问道："那我们该走什么航线？"

"我们将船开出芒格洛尔港，进入赤道，经新加坡回国。"陈德鸿说。赤道是无风带，船自然平稳。

第二天，破冰船再次拨开印度洋蓝玻璃似的海水，昂首前行。为了保证在季风下的航行安全，船有时呈大"S"形航行，果然不再"闹腾"。

回国后，经过征集和研究讨论，国家南极考察委员会为破冰船起了个响亮的名字——"雪龙"。

"雪龙"船巨大的烟囱外壁绘着一条凌空腾跃的银白色巨龙。"龙"是中华民族精神的象征。在被称为海洋世纪的 21 世纪即将到来的时候，"雪龙"船的出现意味着中国人在世界大洋上将走得更远！

为了让"雪龙"船早日出行，1993 年 6 月，国家海洋局东海分局组织力量对其进行改装，在"雪龙"船驾驶台安装了两套具有先进技术水平的避碰雷达。船上设立的气象中心可及时接收卫星云图等气象资料，为该船在气候极其恶劣又变化无常的极地海区航行提供安全保障。宽敞的机库可供两架 KA-32 型直升机停放。艉楼甲板上的着陆平台，可供直升机日夜起飞着陆。而船上配备的航行雷达站，能对起飞进行监控，确保飞行的安全。此外，游泳池、健身房、图书室、医疗室、手术室、化验室等设施一应俱全，为船员提供了一个舒适的生活和工作环境。经过改装，全船可载人数由 55 人增至 78 人。

1994 年 11 月 20 日，"雪龙"船一声长鸣，在锣鼓喧天的欢送声中昂首驶出黄浦江，过东海，过西太平洋，过珊瑚海……第一次向南极挺进。

"雪龙"船行驶在南极海冰中。

从澳大利亚塔斯马尼亚岛的霍巴特港驶出后，沈阿坤让"雪龙"船沿着 180 度航向，往南行驶。闯过西风带后，便向中山站驶去。

这天夜里，睡梦中的沈阿坤听到有人叫他，声音不大但很急切："船长，快起来！"沈阿坤睁开眼睛，发现大副驾驶室里的舵工在叫他。

到了驾驶台，大副神情紧张地对他说："船长，不得了！你看，外面都是冰！"沈阿坤走近窗口往外一看，视野里都是浮冰！怎样找到一条水道呢？沈阿坤向舵工发出口令，让船朝中山站的方位斜着插过去。

"雪龙"船勇猛地一头扎进重重浮冰之中，完全摆脱了过去"极地"号船在浮冰区小心翼翼、迂回曲折的航行状态，就像一辆冲进敌阵的重型坦克勇猛地向前，冰屑和雪沫在船舷迸溅乱飞……

走了没多长时间，驾驶台上的人突然感到眼前一亮，左前方出现了一条无冰水道！大家欢呼雀跃，但离中山站还有20多千米时，那条水道又消失了，取而代之的是薄冰、小冰块，接着便是大冰块、坚冰……这种冰可不是由海水冻结成的，而是南极大陆的陆缘冰。这种冰坚硬无比，以往"极地"号船员用钢钎狠狠地凿下去，仅仅留下一道白印。

经过一番深思熟虑，沈阿坤果断地下达了航向航速口令。"雪龙"船在他的指挥下，朝冰层不紧不慢地冲了过去，眼看就要撞到浮冰了——"停车！"他突然紧急发令。沈阿坤打算依靠巨轮的惯性去撞碎浮冰，但没想到浮冰被撞后居然毫发无损，"雪龙"船最后无奈地靠在了冰缘上。看来，仅依靠惯性的冲撞是不够的！

"倒车！""雪龙"船缓缓向后倒去，重新占据有利的冲击位置。操舵手紧握舵轮，沈阿坤双脚叉开，低声下达着命令，10米、9米、8米、7米……离陆缘冰越来越近，浮冰的身躯仿佛在变大，一阵极地狂风吹过，把覆盖在冰面上的积雪吹了起来……距离消失了！看不见了！随着船身的剧烈震动，只听得一阵冰雪爆裂的响声。双方僵持了一阵后，"雪龙"船猛地向前拱出了20多米！

"龙显真威了！"沈阿坤激动地叫了一声。船员们也纷纷为"雪龙"船喝彩。

在这一天，"雪龙"船向中山站挺进了800米。十几天后，"雪龙"船抵达中山站附近，把油料、给养和考察队员及时送了上去。

**建设初期的中山站**

# 一"龙"跨两极

"雪龙"号中的"龙"代表中国,"雪"意味着南极的冰雪世界。在冰雪王国中,"雪龙"号就是一条巨龙。

"雪龙"船长167米,宽22.6米,面积相当于半个标准足球场大小。满载排水量21025吨,能装载装满货物的重型卡车100辆,续航力1.9万海里,将近绕地球一圈。在南北极,它能以0.5节航速连续冲破1.2米厚的冰雪,技术性能当时属国际领先。7层楼生活区高耸于船艏,像翘首昂起的龙头;船身舯部装载的集装箱则好似龙身,每当在洁白如玉的冰雪中前行时,总会拖曳出一道光亮的航迹。

"雪龙"船拥有180度超宽视野的驾驶台,一切航行指令从此发出。6楼至2楼是队员们的生活区,房间格局呈回字形,中间一圈设有会议室、垃圾站、行李间等,外围一圈多是住舱。每个住舱可供2~3人睡觉,内有卫生洗浴间。1楼是实验区,位于船舶主甲板,船舷边就是海面,方便队员采样,也云集了海洋化学、物理海洋、生物实验室等。

负一层设有多功能厅,是考察队开全体大会及举办"南极大学"讲座的地方。负二层的篮球场和游泳池别具一格:篮球场约为标准场地的一半大小,两边的篮筐近距离"对峙";泳池深度3米,水池上方墙面装饰着"霸气"的龙形图腾,要到赤道地区才会蓄水。

"雪龙"的餐厅在1楼和2楼,3楼"独辟蹊径"开设了一间"海景健身房",队员可以每天"面朝大海"秀出"马甲线"。

"雪龙"回国的第二年便开始了南征,我国的极地考察也持续不断地大踏步前进。

就在南极考察考察事业全面展开之际,对地球另一端北极的考察也开始在酝酿之中。

**"雪龙"号里的小型健身房**

1996年4月,国际北极科学技术委员会在德国不莱梅召开会议。以观察员身份参会的陈立奇和秦大河等中国代表为没有资格发言愤愤不平:"作为北半球一个大国的代表,在北极科学组织中竟然没有发言权!"

中国地处北半球,也是环北极8个国家以外地理位置离北极最近的国家。北极是全球变化科学研究的前沿区域,北极的环境、气候变化直接影响着中国。北极的事务,中国应当有发言权。

1997 年，国家海洋局向国务院建议："在适当时候，将对北极的研究上升到国家行为，确立北极研究的国家目标。"

时任党和国家领导人朱镕基、李岚清、钱其琛、温家宝都在国家海洋局的报告上做了批示。很快，国务院正式批准组建北极科考队。

1999 年 7 月 1 日上午 10 点，"雪龙"船从上海浦东外高桥码头鸣笛起航，载着来自全国的 66 名科学考察人员和 13 家新闻单位的 20 名记者，奔赴北极开展首次科学考察。

7 月 9 日，"雪龙"船穿过鄂霍次克海，驶入白令海。清晨 5 时 45 分，"雪龙"主机推力系统的轴承突然发生故障，润滑油严重泄漏。一旦漏完，主轴烧坏，船就成了失去动力的一堆铁壳。

"走，到机舱去看看！"考察队长、首席科学家陈立奇带领副队长颜其德、船长袁绍宏、政委李远忠等下机舱查找原因。轮机长徐建设正带着一班机工查找原因。

"漏油是推力系统的轴承密封垫片老化破碎造成的。"徐建设终于找到了事故原因。

"一定要抢修！"陈立奇做出了决定。

"停航 6 小时，更换垫片。"袁绍宏下达命令。

8 时 30 分，"雪龙"船停航。徐建设带着 4 个人钻进主轴舱，忍着高温，打开密封盖，一丝不苟地工作起来。

5 个多小时后，推力系统轴承部件终于修好了。主机启动，"雪龙"船以最高时速北进，经过白令海奥柳托尔斯基角，穿过白令海峡，进入楚科奇海，到达北冰洋。

经过两个多月的时间，科考队依托"雪龙"船，采集了大量数据资料，获得了对北极的直接认识。

北极考察作业现场

仅靠短暂的科考，远远不能深入了解北极。中国应当探寻一个固定的立足点，开展长期的科学考察。中国必须要有自己的北极考察站。

2001年,国家海洋局会同中编办、外交部、国家计委、教育部、科技部等13个部、委、局,拟订了建设我国北极科学考察站的方案,建站地点瞄准了北纬78°55′的斯匹次卑尔根群岛。

与南极洲不同,北极核心区域是被冰雪覆盖的北冰洋。漂浮的海冰上不适合建立常年值守的考察站。而北冰洋周围的陆地,包括所有的岛屿,早已被环北极国家并入版图。

历史给中国留下了机遇。早在1925年,北洋政府曾签署《斯匹次卑尔根群岛条约》。条约规定,缔约国在"承认挪威对斯匹次卑尔根群岛拥有完全主权"的前提下,享有在斯匹次卑尔根群岛地域及其领水内捕鱼、狩猎权和开展海洋、工业、矿业、商业活动的权利,以及在一定条件下开展科学调查活动的权利。我国是《斯匹次卑尔根群岛条约》缔约国,建立科学考察站有了法律依据。

2004年,中国北极第一个科学考察站在北纬78°55′23″,东经11°56′07″的挪威斯匹次卑尔根群岛的新奥尔松建成并投入使用。时任国家海洋局局长王曙光亲赴科考站,出席落成典礼。

2004年7月28日上午9时30分,《中华人民共和国国歌》奏起,身穿红色科考服的中国政府代表团成员和考察队队员在站区外几十平方米的红色地毯上,庄严地举起右手,致注目礼 …… 经过向全国征集站名,中国首个北极科学考察站定名为"中国北极黄河站"。

中国北极黄河站落成典礼仪式现场

时任国家主席胡锦涛发去贺信，代表党中央、国务院表示热烈祝贺！向不惧艰险、立志造福于人类的我国极地工作者表示诚挚的问候！希望我国极地科学考察事业能够为人类和平与发展的崇高事业做新的更大的贡献。

船站配合，相互补充，中国北极科学研究跨上新台阶。2005年，中国被接纳为新奥尔松科学管理委员会第8个正式成员；2007年，成为北极理事会特别观察员国；2013年5月，8个成员国一致做出决定，同意中国加入北极理事会，中国成为北极理事会的正式观察员（永久观察员国）。

## "不可接近之极"

南极有4个地点最具科学研究意义：南极点、极寒冰点、地球磁点和冰盖最高点冰穹A。美国、俄罗斯和法国分别在前三个区域建设了考察站，很多国家自20世纪90年代开始都想在南极冰盖最高点建站。

冰穹A地处南极内陆腹地，海拔4093米，极寒缺氧，寸草不生，举目皆冰雪，满眼白茫茫，像一望无际的白色沙漠，被称为"人类不可接近之极"。苏联科考队曾试图在20世纪60年代进入冰穹A，终因环境恶劣、装备不足未能如愿。1992年，在德国不莱梅举行的《南极条约》协商会议上，中国科学家秦大河几乎是抢过话筒宣布，中国愿意承担冰穹A的考察任务。

考察队员在南极内陆升国旗。

冰穹 A 距离中国南极中山站南约 1250 千米，路途崎岖，驾驶雪地车仅可日行百余里。从中山站到冰穹 A，行驶顺利，一般也需要 15 天左右，如遇车辆故障，20 天能到算是幸运。这还不算，往返冰穹 A 途中，常常会遇到地吹雪，能见度极低。

中国考察队驾驶雪地车在南极冰盖行驶。

　　在"雪龙"船的强大后盾支撑下，1997 年，中国第 13 次南极考察队 8 名队员历时 13 天，向冰穹 A 方向挺进了 300 千米。1998 年，中国第 14 次南极考察队 8 名队员历时 17 天，向冰穹 A 方向推进了 464 千米。1999 年，中国第 15 次南极考察队 10 名队员进入冰穹 A 区域，但未登上最高点。2005 年 1 月 18 日，中国第 21 次南极考察队内陆队员，成功登上南极冰盖最高点冰穹 A。2009 年 1 月 27 日，中国第 25 次南极考察队 28 名内陆队员经过 19 天长途跋涉，20 天艰苦奋战，在冰穹 A 区域建成我国第一座南极内陆考察站 —— 中国南极昆仑站。

中国南极昆仑站

# 国际大救援

"雪龙"船投入极地科考的作用越来越凸显。截至2007年,连续10余年的极地考察,"雪龙"船航行约100万千米,相当于绕地球跑了25圈。

2007年3月,"雪龙"船驶进上海浦西修船码头进行升级改造。通信导航系统是船的"眼睛",经过改造,"雪龙"船的通信导航设备全部更新,摒弃了原有的指南针指引航向,采取激光路径指引航行。改造后的"雪龙"船成为世界上第一艘配有"宽带全球区域网络"(BGAN)系统的科考船。

"雪龙"号顶部甲板上的通信设备

改造后的"雪龙"还安装了世界上最先进的机舱自动化控制系统,可以实现无人值班,船舶的主机、副机、锅炉及相关辅助设备全部可以在驾驶室内进行控制。耗资1亿多元的升级改造,使"雪龙"船的内部布局更为合理,可以为科学家提供更为便利舒适的工作、生活环境。

此外,"雪龙"船由黑色变成中国红,在洁白无垠的南极更加艳丽,更加代表中国的颜色。这个颜色出现在南极,就会带来希望和欣喜。

"雪龙"船上的中国红

2009 年，"雪龙"船上的海洋科学考察设备也全部升级换代，采用了世界上最先进的表面海水采集分析系统。这一系统应用在船上在中国还属首次，在世界上也只有美国等极少数国家使用。

2013 年 4 月，"雪龙"船进行恢复性维修改造工程，在保持原有船体结构、总体布置和动力输出指标基本不变的前提下，对动力系统、甲板设备进行恢复性改造，增加和修理部分科考设备。"雪龙"船的这次维修改造，机舱中的各种机器及设备全部更换，其中新更换的主机采用了最先进的电喷共轨技术。经过改造后的"雪龙"船可延长 15～20 年的使用寿命，并大大提高了适用性，变得更加先进。

南极夏季来临，"雪龙"船靓丽的中国红让俄罗斯人感触颇深。

2013 年 12 月 25 日，俄罗斯远极地研究考察船"绍卡利斯基院士"号在南极洲航行时被困浮冰区，向澳大利亚发出求救信号。

当日凌晨 5 时 50 分，正按考察计划航行在南大洋海域的"雪龙"船，几乎同时收到俄罗斯客船最高等级的求救信号和澳大利亚海上搜救中心的电话：一艘载有 74 人的俄罗斯"绍卡利斯基院士"号客轮在 600 多海里以外的南极迪维尔海被浮冰困住，两座冰山正向它漂移，威胁船只及人员安全，情况危急，急需救援。

被困的"绍卡利斯基院士"号客轮（赵宁　摄）

险情似火。一边，考察队马上电话请示上级部门同意；另一边，"雪龙"号船长王建忠决定履行《国际海上人命安全公约》，立即指挥向东南方调整航线，以每小时 15 节的最大航速驰往俄船遇险地点。

天有不测风云，南极气候变幻莫测。遇险海域处于南纬 66°、东经 144°，有十成的浮冰，厚度 1～2 米，冰龄 2 年以上，直径最长 200 米。前方有一个特大气旋，中心风力超过 11 级，且伴有较大雾雪。"雪龙"船原计划避开，但为了抢时间，便顶风冒险，穿越气旋中心，在大雾笼罩、风雪交加、白浪滔天、能见度极差的陌生海域一路猛进，以最快的速度到达俄遇险船不到 10 海里的冰区。

"雪龙"船速度降为 1.3 节，开始破冰航行。入夜，浮冰越来越大，越来越密集，厚度有三四米，破冰无比艰难，超出了'雪龙'船的能力范围。

王建忠焦急地在驾驶台上来回走动着，不停地观察"雪龙"船周围的情况，防止船体撞到大冰块,出现闪失。

此时,漫无边际的白色浮冰与浓雾浑然一体。浮冰块交错重叠,大的相当于一个足球场。

白色浮冰(穆连庆 摄)

"咣——""雪龙"船再次发起一轮新的破冰"冲刺"。囿于被冰围起来,"雪龙"船机动范围有限,难以施展手脚,破冰成效甚微。

"建忠,不要着急,慢慢来,注意船舶和设备的安全。"考察队领队刘顺林宽慰王建忠。他深知,在南极冰区,一旦船舶出现问题,可能会导致施救者需要被救,后果不堪设想。

一夜无眠。"雪龙"船持续破冰产生的巨大震动,惊醒了许多考察队员,他们暗暗为破冰加着油。

12月29日上午,天气稍有好转,王建忠与第二船长赵炎平登上"雪鹰12"直升机,前往"绍卡利斯基院士"号所在位置观察,寻找合适的救助方式和路线。

南极的天气瞬息万变,直升机刚刚抵达被困客船上方,远处一股强风雪裹成一团,气势汹汹地袭来。"立刻返航!"机长用手势下达命令。

15分钟后,雾雪笼汪洋。

冰情严重,虽然相距不足8海里,但"雪龙"号还是无法靠近被困的"绍卡利斯基院士"号。

12月31日，强东南风连续多日将开阔水域的浮冰不断吹向"雪龙"船所在的水域。浮冰被不断挤压、收紧。

气象预报员预报，未来2天，受较强气旋影响，风力将达到9级以上，冰情严重程度会持续加剧。王建忠急得嘴上起了泡，刘顺林也紧锁眉头。

考察队经过慎重研究，决定启用直升机救援，制订了营救方案。海冰救援组迅速成立，负责救援设备和物资的准备、与俄方联络、勘察冰面选择直升机降落点、设置等待区和登记区、指挥登机等诸多工作。

1月1日，元旦，新年的气氛冲淡了考察队员焦虑的情绪，他们登上驾驶台，看到了前来救援的澳大利亚"南极光"号破冰船，信心倍增。

当天，"雪鹰12"直升机再次起飞，前往被困客船与"南极光"号附近探查。"绍卡利斯基院士"号、澳大利亚搜救中心以及"南极光"号三方会商，肯定了"雪龙"船直升机救援计划。

1月2日上午，晴空万里，风力不大，随着隆隆的直升机叶旋转，救援开始。

拥有36年飞行资历的机长贾树良驾驶"雪鹰12"直升机直抵"绍卡利斯基院士"号右舷冰面。等待疏散的乘客以12人为一组，在中国救援者指引下迅速登机。而后，"雪鹰"再次升空，径直飞到澳大利亚"南极光"号附近冰面着陆，再由小艇把乘客送至"南极光"号上。

"雪鹰12"直升机正在救援"绍卡利斯基院士"号上的人员。（赵宁　摄）

如此往返6架次，所有乘客安全脱险。

"感谢'雪龙'号！""你们的救援让人难以置信！"中国救援人员所到之处总能听到

这样的感谢和欢呼。俄罗斯船长更是饱含深情地对"雪龙"号船长说："你们的努力是国际合作的典范，不仅体现了人类航海的互助精神，也体现了《南极条约》精神。非常希望有机会向你们当面致谢。"

"勇士不顾生，故能立天下之大名。""雪龙"号上的中国勇士们在获悉他国船只身陷危难后，秉承国际主义、人道主义精神，千里驰援，助多国乘客转危为安，彰显了极地考察大国和负责任大国的形象。

这场感人至深的极地大救援时时牵动着两国国民的心。

然而，就在各方依依话别，"雪龙"船准备撤离浮冰区继续执行考察任务时，强大气旋忽至，寒风裹挟着海水迅速凝冰，浮冰范围逐渐扩大。

一夜之间，"雪龙"船右舷密集的浮冰区里，不知何时漂来了一座平顶大冰山。冰山长 1 千米左右，正在不断向西北方向漂移，最近距离"雪龙"船仅 1.2 海里，横亘在撤离路线的前方。

实施救援的"雪龙"船亦身陷白色"囹圄"。

"雪龙"船受阻得到了党中央、国务院的高度重视。中共中央总书记、国家主席、中央军委主席习近平立即做出重要指示。他指出，我国南极科学考察队暨"雪龙"号船在极其困难的条件下，冒着极大风险，成功完成对遇险俄罗斯籍客轮的救援行动，为

"雪龙"船受困冰区。（赵宁　摄）

祖国和人民争得了荣誉，请向同志们致敬，并转达我对他们的诚挚慰问。习近平要求各有关方面协调配合，指导帮助他们脱困，确保人员安全。他表示，祖国人民同他们在一起，希望他们保重身体、坚定信心、沉着应对、科学施策，争取早日平安返回。

中共中央政治局常委、国务院总理李克强做出批示，希望科考队沉着冷静应对，务必在确保安全的前提下，等待有利时机，积极稳妥设法突破海冰围困。

1 月 4 日上午，中国第 30 次南极科学考察队在"雪龙"船多功能厅召开了全体队员

大会，将党中央、国务院领导和国土资源部、国家海洋局各级领导的重要批示，及时传达给每一位队员。全体队员士气鼓舞、精神振奋、信心倍增。

此时，"雪龙"船停泊在密集浮冰区，距离最近的清水区约 21 千米，船上 101 名人员安全，物资补给充足。为了保证船舶安全，"雪龙"船在浮冰中开辟了一条长约 1 千米的"破冰跑道"，等待有利天气时机，准备破冰突围。

当日下午，"雪龙"船所在位置能见度再次降低，仅为三四百米。原本距离"雪龙"船 500 米左右的一座冰山"消失"了。"雪龙"船趁机小心转向。

北京时间 1 月 8 日 17 时 20 分，一道冰隙出现在"雪龙"船头东南方向，大约 10 米宽。

东南正是突围的有利方向，"雪龙"船迅速调整，朝冰隙慢慢驶去。10 米、15 米、20 米……冰隙越来越宽。30 分钟后，"雪龙"船前方豁然开朗，只几块零星浮冰漂在清澈的海面上。

"雪龙"船脱困后驶向清水区。（赵宁　摄）

经过 14 个小时的等待和努力，在潮流作用配合下，浮冰区的海冰变得松散，"雪龙"脱困迎来最佳"窗口期"。在被冰包围的狭窄空间，"雪龙"通过一系列破冰行动，摆脱浮冰，成功突围。

17 时 50 分，驾驶台传来一片欢呼声，"雪龙"成功自救。望着外面开阔的水面，刘顺林激动不已，嘴里发出感叹："这一切就像一出大戏一样。"

## "雪龙" 迎来亲切的慰问

2014 年 11 月 18 日，这一天是"雪龙"号值得纪念和骄傲的一天。正在澳大利亚塔斯马尼亚州首府霍巴特访问的中国国家主席习近平登上了"雪龙"船。

霍巴特港是澳大利亚南极科考母港。"雪龙"号科考船在执行中国第31次南极科考任务途中,在此停靠补给。

登船之前,习近平主席在澳大利亚总理阿博特陪同下参观了南极科考项目,慰问了两国南极科考人员。

习近平和阿博特来到霍巴特港区,参观澳大利亚南极科考展览,并通过视频连线同中澳南极科考站工作人员通话。中国南极中山科考站、澳大利亚戴维斯南极科考站负责人分别汇报工作。

习近平向两国科考人员表示慰问。习近平指出,南极科学考察意义重大,是造福人类的崇高事业。中国开展南极科考为人类和平利用南极做出了贡献。30年来,中澳两国科考人员开展了全面深入合作。中方愿意继续同澳方及国际社会一道,更好认识南极、保护南极、利用南极。

阿博特向两国科考人员表达问候,他表示,南极科考对人类意义重大,希望两国科研人员加强合作。

随后,习近平主席前往码头,登上中国"雪龙"号科考船,参观了中国极地考察30周年图片展。一张张图片讲述了中国极地科考的奋斗历程和光辉成就。30年来,中国极地工作者先后在南极建立长城站、中山站、昆仑站、泰山站营地,成功组织30次南极科考,取得许多重大成果。其中展出的一张照片是1985年国家领导人接见中国首次南极考察立功受奖人员时的合影。当时获奖的汪海浪如今是考察队副领队,吴林是水手长。习近平同他们亲切交谈,勉励他们再立新功。

习近平来到生物实验室,详细询问大家工作和生活情况,期待他们圆满完成任务。

习近平离开"雪龙"船时,船员和科考人员聚集在甲板上列队欢送。习近平向大家挥手告别,祝他们一切顺利。

## "双龙"探极

在多年的极地考察中,"雪龙"船开创了许多纪录。在北极,"雪龙"开辟了三大航道;在南极,创造了中国航海新纪录,到达南纬77°35′地区。

2012年,"雪龙"船穿越东北航道。2017年,"雪龙"船穿越中央航道,又首航西北航道,完成了北极三大航道的航行。

"雪龙"船于 2017 年进入北极圈。(吴琼　摄)

　　北极航道的开通对我国意义重大。海运承担了我国 90% 以上的国际贸易运输,我国外贸主要有 8 条海运远洋航线。北极航道顺利开通,使我国现有东、西向两条主干远洋航线上增加两条更为便捷的到达欧洲和北美洲的航线,不仅能减少海上运输成本,还能降低和分担途经马六甲海峡、巴拿马运河、索马里海域和苏伊士运河等高政治敏感区所带来的风险,还有利于开辟我国新的海外资源能源采购地。

第八次北极考察队队员合影庆祝首次穿越西北航道。(吴琼　摄)

　　利用北极航道,我国沿海诸港到北美东岸的航程约比走巴拿马运河的传统航线节省 2000~3500 海里;到欧洲各港口的航程更是大大缩短,上海以北港口到欧洲西部、北海、波罗的海等港口比传统航线航程短 25%~55%,将大大拉近我国与欧洲、北美等市场的距离。

海洋地质箱式取样作业

2014 年 12 月 30 日，"雪龙"船到达东经 165°34′、南纬 77°35′地区，创造了我国船舶向南航行纬度最高纪录，成为我国航海史上到达地球最南纬度的船只。中国第 31 次南极考察队在附近海域开展了海洋地质箱式取样作业，获取了 750 米深的海底泥样。这也是中国极地大洋科考作业到达的最南纬度。通过对悬浮体、表层沉积物和柱状沉积物样品的分析，科学家为阐明研究区现代沉积环境及晚第四纪古环境、古气候、古海洋学等演变规律，并重点关注古气候、古冰川与南极底层水演化记录等持续奋斗着。

光阴似箭。20 多年过去，"雪龙"船南征北战，在船体船型、动力系统、破冰能力、科考功能等方面，与国外先进的极地考察破冰船技术和完备的科学考察设备系统相比，还存在着较为明显的差距。再造一艘破冰能力强、科考手段丰富的破冰船，成为国之所需。

"雪龙"号

夙愿在 2011 年有了回应。这一年，我国新建破冰船通过国家发改委批复立项。5年后，随着第一块钢材在上海江南造船厂车间点火切割，我国第一艘自主建造的极地考察破冰船开建。

大国重器不容瑕疵，建造工艺分毫不差。钢板平不平？焊接牢不牢？摸温度、闻气味、看颜色……建造过程中，"望、闻、问、切"齐上阵。

2018 年 9 月 10 日，这艘我国自主建造的极地科学考察破冰船在上海下水，被命名为"雪龙 2"号，标志着我国极地考察现场保障和支撑能力取得新的突破。

"这艘船的下水，预示着我们期盼了多年的'迎雪破冰、双龙探极'的时代即将到来。"当天，自然资源部党组成员、国家海洋局局长王宏在"雪龙 2"号极地科考破冰船下水暨命名仪式上说。

"雪龙 2"号极地科学考察破冰船建造工程由自然资源部所属的中国极地研究中心组织实施，中国船舶工业集团有限公司第 708 研究所

"雪龙 2"号极地科学考察破冰船在上海下水。

设计、江南造船（集团）有限责任公司承担建造。船舶设计船长 122.5 米，船宽 22.3 米，吃水 7.85 米，吃水排水量约 13990 吨，航速 12～15 节，续航力 2 万海里，自持力 60 天，载员 90 人，能以 2～3 节的航速在"1.5 米冰加 0.2 米积雪"的环境中连续破冰航行。

极地考察破冰船是在极地恶劣环境中考察作业的特种船舶，设计和建造都有很高的技术要求，在我国造船史上属于空白。"雪龙 2"号采用与国外合作设计、国内建造的模式，既引进和消化了国外先进的破冰船设计理念、技术和经验，又掌握了建造技术、工艺和标准，还大幅提高了我国船舶工业的核心技术竞争能力。

"国际一流、国内领先"是新船建造的目标定位。江南造船厂"雪龙 2"号建造项目总负责人张申宁确定了更高的目标："国际一流、中国第一。"

针对建造特点及难点，船厂编制了 17 项攻关项目，协同中国极地中心开展了全回转吊舱、重量重心控制、智能船舶等多项关键技术研究及应用。

新船建造的管理模式突出"大团队"。船东、设计院所、江南造船厂、中国船级社、英国劳氏船级社、检验机构的 60 余人都参与其中。从设计、采购到生产计划等，每个环节共同参与研究，既保证了船舶质量、进度，又满足了船检规范要求，减少了后期的修改

和返工,大大节约了时间与资金投入。

2018年夏季是新船建造的关键期,为了保证按计划顺利下水,团队所有人员放弃了高温假,完成了114个分段制作以及11个船体总段合拢。8月4日全船贯通,全船无损探伤检测等各项指标一次合格率达97%,船舶舾装率达到73%,全船92%的设备安装结束,45个液舱密性全部完成,达到完整性出坞状态,生产状态整体可控。

在建造过程中,船厂始终精益求精,使用的钢板、焊丝等关键材料均是全球最优。这对工人的焊接工艺提出了更高要求,分段之间的拼接误差必须控制在2~3毫米。为装载航空煤油、应对极地严酷自然环境,新船采用了双向不锈钢施工、低温特种油漆涂装等舾装工艺,一流的建造技术确保了先进设计理念的"落地"。

建造中的"雪龙2"号船

"雪龙2"号船是一艘满足无限航区要求、具备全球航行能力,能够在极区大洋安全航行的具备国际先进水平的极地科学考察破冰船。该船融合了国际新一代考察船的技术、功能需求和绿色环保理念,采用国际先进的船艏、船艉双向破冰船型设计,具备全回转电力推进功能和冲撞破冰能力,可实现极区原地360°自由转动,可突破极区20米当年冰冰脊,船舶机动能力大幅提升。

装备了国际先进的海洋调查和观测设备,实现科考系统的高度集成和自洽,"雪龙2"号船成为我国开展极地海洋环境与资源研究的重要基础平台。科研人员可在船上开展极地海洋、海冰、大气等环境基础综合调查观测,进行有关气候变化的海洋环境综合观测取样,在极地冰区海洋开展海底地形、生物资源调查。新船基本具备"摸边探底、潜力评估"的调查能力。

具体来说,"雪龙 2"号有如下特点:

双向破冰。"雪龙 2"号极地考察船采用两台 7.5 兆瓦(MW)破冰型吊舱推进器,是全球第一艘采用船艏、船艉双向破冰技术的极地科考破冰船,且双向破冰均具有以 2～3 节船速连续破"1.5 米冰加 0.2 米积雪"的能力。双向破冰主要提高了破冰船在冰区的灵活性和作业效率。传统的破冰船在冰区掉头时费时费力,而双向破冰可直接省去掉头过程。

"破冰艏"

功能强大。"雪龙 2"号极地考察船具备全回转电力推进功能和冲撞破冰能力,可实现在极区原地 360 度范围内的自由转动。"雪龙 2"号极地考察船的艉向破冰技术还能利用吊舱推进器把海冰推向两侧,能够实现在 20 米当年冰冰脊(含 4 米堆积层)加 0.2 米雪层中不被卡住。这些性能大幅度提升了船舶的机动能力,能满足全球无限航区航行的需求。

稳如泰山。对于极地科考船来说,如果在海上可以长时间将船体位置固定,将会大大有助于考察。为此,"雪龙 2"号配备了两套动力定位系统。定位时,船上的电力推进器、艏艉侧推协调配合,船艏根据海上风向和海水流向选择合适角度,使船体"稳如泰山"。这一技术的使用,使"雪龙 2"号在 4 级海况下可满足大型科考设备的定位收放要求,在 6 级风、1.5 节流时仍能满足漂泊调查作业要求。

科考能力强。"雪龙 2"号搭载了"十八般兵器",是一艘具有国际先进水平的极地科考破冰船。该船配备有深水和中浅水多波束系统、深海浅地层剖面仪、生物储量评估回声积分仪系统、水下全方位声呐、超短基线、万米测深仪等声学设备,能满足海底精细化测量和渔业资源探测要求。在艏部船底的箱型龙骨设计,确保了声学换能器免受气泡和碎水的影响,同时保证了船舶航行的经济性。船艉科学桅杆设有 6 平方米平台,用于大气科学观测采样。艉部甲板上设有 10 个标准集装箱位,可供冷藏集装箱和集装箱实验室安装固定。船舯设有 160 平方米的作业月池车间,其顶部设有 1 台具回转和伸缩变幅功能的温盐深仪(CTD)/ 行车综合吊,可满足设备转运、舷外水文生物和温盐深仪(CTD)作业等需求;车间内同时设有一个边长 3.2 米的方形月池及温盐深仪(CTD)收放系统,用于在完全冰区或恶劣海况下科考作业。

"雪龙 2"号船上的月池车间

节能环保。"雪龙 2"号采用环保设计,除满足最新极地规则中的防污染要求外,船舶发电机组排气管均装有能降低氧化物排放的 SCR 装置,优于国际海事组织最严格的环保要求。

2019 年 5 月 31 日下午,随着清脆的汽笛声,"雪龙 2"号极地科学考察破冰船按照原定的建造计划,开启船舶航行试验。

试航是船舶建造中最关键的一个节点,由江南造船(集团)有限责任公司组织,自然资源部中国极地研究中心、中国船级社、英国劳氏船级社、中国船舶工业(集团)公司第 708 研究所、上海双希海事发展有限公司和相关设备厂商等单位共 236 人随船试验。

"雪龙 2"号在试航。

15 天驰骋东海,"雪龙 2"号 46 个系统、约 200 台套的设备接受了全面的功能性试验,电力推进系统、动力定位系统、振动噪声、水下辐射噪声和智能系统等 8 个项目通过专项试验考核。

"雪龙 2"号乘风破浪,新建破冰船建设工程部副总指挥王建忠激动不已:"'雪龙 2'号不是一条普通的船,它承载和积淀着几代人的梦想和实践、理想和奋斗,将极大提升我国极地科学考察的现场保障和支撑能力,开启我国极地科考新时代。"

2019 年 7 月 11 日,中国迎来了第 15 个航海日。这一天,"雪龙 2"号在上海交付使用,人们期盼多年的"迎雪破冰、双龙探极"极地科考新时代来了。

"双龙"会合。

海纳上下五千年,极至纵横八万里。

许多人感慨"雪龙2"号的建成。自然资源部一位官员触景生情:"'长城''中山''昆仑''黄河''泰山''雪龙'都是我国极地事业发展进程中的标志性符号,与它们一样,我们自主建造的'雪龙2'号即将掀开我国极地事业发展的新篇章,'双龙'探极更显大国风范。"

**"雪龙2"号**

2019年10月14日,红船身、白船顶的"雪龙2"号停靠在深圳蛇口码头。

这一年,中国海洋经济博览会首次在深圳举办。作为其中一项亮点活动,"雪龙2"号首次向公众开放。一天半1200个免费参观名额,以报名预约形式迅速报满。登船的人们参观驾驶台、实验室、住宿间,观看实验仪器、直升机,与新船合影,和科学家交流……神秘和好奇让人们对这艘极地破冰船恋恋不舍。

第二天,"雪龙2"号启航,远征南极,揭开了我国"双龙探极"的序幕,开启了我国极地考察的新篇章。

2020年4月23日,中国第36次南极考察队分别乘坐"雪龙"号和"雪龙2"号返回上海。历时198天,两船行程共7万余海里的首次"双龙探极"圆满完成。

这次"双龙探极",科考人员分组执行了"海陆空"全方位科学考察。在顺利完成的62项既定任务中,"雪龙2"为"雪龙"破冰开路、寻找卸货点,执行宇航员海综合观测调查。经过37个日夜,航行5000余海里,"雪龙2"完成了涵盖物理海洋观测、海洋化学监测、海洋生态监测、地质环境调查、地球物理调查和极地海洋微塑料调查,成功获取中国南极科考史上"最长柱状沉积物"——18.36米南极海域底层沉积物。全新科考设备在极区海洋调查中完成了各种测试和磨合。

中国第36次南极考察队首席科学家何剑锋感慨地说,"雪龙2"配备的先进科考装备有助于获得更多珍贵样品,对深入研究冰—海—气—生相互作用、揭示南大洋与气候变化、南极海冰与生态系统、南极底层水形成等科学问题具有重要意义。

# 中国雄"鹰"

## 首架"雪鹰"入列

2009 年 10 月 10 日，即将起航的中国南极第 26 次科学考察队在"雪龙"船上举行了一次特别的活动，我国首架南极重型直升机入列，参加本次考察。

停靠在上海国际集装箱码头的"雪龙"船，在蓝天碧海的映衬下，红色的船体格外熠熠夺目。宽阔的后甲板上，一架红白相间的高大直升机静静地停着。机身下部白底映衬的"中国南极考察"和尾部白底映衬的红色国旗格外醒目。机顶部上下两个旋翼像一双翅膀收拢着，似乎一有召唤，便振翅飞翔。

这就是中国首次引进的卡–32重型直升机，名曰"雪鹰"号。卡 –32是俄罗斯卡莫夫直升机公司（原卡莫夫实验设计局）研制的双发通用直升机，由卡 –27 发展而来，原型机于 1973 年首飞。 它有不同型号，卡 –32T，救护及通用运输型，可执行近海油田钻井支援任务；卡 –32S，海上作业型，可在舰艇上装卸货物，也用于海上搜索与救护；卡 –32K，飞行

"雪龙"号上的我国南极考察首架自备卡 –32 型直升机

吊车型，带可拆卸吊篮，于 1992 年完成操纵测试；卡 –32A 是卡 –32 的改进型，最多载12 名乘客；卡 –32A1、卡 –32A，消防型，莫斯科消防局装备了 3 架。

卡 –32 采用了双发共轴式反转旋翼设计，拥有较强的抗风能力，机长 11.3 米，机高5.4 米，旋翼直径 15.9 米，空重 6.5 吨，正常起飞重 11 吨，最大起飞重 12.6 吨，巡航时速230 公里，最大时速 250 公里，作战半径 800 公里，实用升限 5000 米，无地效悬停升限3500 米，一次能吊挂 4～5 吨重的货物，最大载客量为 14 人。

在气候恶劣、地形复杂的冰雪南极，直升机是从事科学考察、后勤支撑和极地救援的必要保障。我国自 1999 年起开始租用外国直升机参与极地考察活动，特别是在第

24 次和第 25 次南极考察中，我国从韩国租用的卡 -32 重型直升机，在内陆昆仑站的建设中发挥了极为关键的运输保障作用。

南极的恶劣天气（穆连庆　摄）

"'雪鹰'号直升机正式加入中国南极考察行列，是我国几代极地人多年的梦想，标志着我国极地考察全面进入航空考察的新时代。"在入列仪式上，中国极地研究中心主任杨惠根大声宣布。

直升机飞行经历超过 1 万小时的"雪鹰"号首任机长赵祥林已完成了"雪鹰"号出发前的各项准备工作，一到南极便可待时而飞。

"雪鹰"号入列仪式

# 首飞中山站上空

中山站时间 2009 年 12 月 7 日约 9 时（北京时间约 12 时），"雪龙"船气象中心的预报员孟上和张月霞传来天气预报：风力 3 级至 4 级，能见度为 15 公里。

天气适宜飞行。刚刚抵达南极中山站附近海域的中国第 26 次科考队的首要任务便是卸货——将从国内运来的各种物资卸到中山站，便于开展各项科考工作。

每一次科学考察，卸货是首要任务，也是重要任务。每年，中山站留下一部分越冬队员值守，等待下一次科考队员替换。越冬期间，队员们维护站区安全，开展各项科考工作。

期盼着新科考队早日到达中山站的越冬队员的粮草亟须补给。

中山站位于东南极大陆拉斯曼丘陵。这里岸线曲折，船舶难以停靠，只能泊在附近的海中央。

中山站（穆连庆 摄）

南极卸货一般可以海陆空三路同时进行。12 月份正值南极冬天，海面上会形成厚厚的冰，队员们通过探查，寻找最适合陆陆卸货的路径。到了 1、2 月份，海冰消融，小艇、驳船便可行驶。

信心十足的"雪鹰"号首任机长赵祥林与董文治接到命令，稳稳地启动直升机。

伴随着隆隆的轰鸣声，"雪鹰"号直升机机舱顶端，上下共轴的两组旋叶飞速旋转起来，巨大的气流冲击着在"雪龙"船后甲板机舱里等待的人们。随后，"雪鹰"号吊挂着 16 桶航空煤油慢慢升空。

在茫茫冰雪的映衬下，红白相间的中国极地考察专用直升机"雪鹰"号显得格外耀眼，轰鸣的发动机刺破了南极的宁静。

两位机长相互配合，驾驶着直升机，吊挂着物资，恰似一只雄鹰捕捉了美食一般，向中山站驶去。这一飞，标志着"雪鹰"号正式登上中国南极考察大舞台，开启了中国极地考察的新征程，打破了中国极地考察租赁直升机的历史。从此，中国极地考察全面进入立体考察新时代。

"雪鹰"号抵达南极，在后甲板振翅欲飞。

不一会儿，"雪鹰"号到达中山站，稳稳地将货物放在指定地点，轰隆隆地返回"雪龙"船，完成了第一架次的物资吊运任务，大约用时 40 分钟。

吊运货物的"雪鹰"号

当天，"雪鹰"号累计飞行 5 个半小时，14 个架次，圆满完成吊运雪地车配件和 100 余桶航空煤油至中山站的任务，货物总重量约 32 吨，运送人员 20 名。

后来的十几天，中山站的上空增加了"雪鹰"的呼啸声。

# "雪鹰601"登上历史舞台

南极气候恶劣,天气说变就变,给科考带来了巨大的挑战。正因如此,南极中山站当地时间 2012 年 12 月 8 日 21 时 20 分(北京时间 12 月 9 日 0 时 20 分),曾经屡立战功的"雪鹰"号在执行我国第 28 次南极科学考察任务时失事。

之后,国家海洋局极地考察办公室和中国极地研究中心再次配备了同一型号的"雪鹰12"号直升机,继续为极地考察贡献力量。

K32 机型运货能力强,但是航行里程不长。因此,固定翼飞机呼之欲出。

固定翼飞机简称定翼机,是指由动力装置产生前进的推力或拉力,由机身的固定机翼产生升力,在大气层内飞行的重于空气的航空器。它是固定翼航空器的一种,也是最常见的一种,另一种固定翼航空器是滑翔机。飞机按照其使用的发动机类型又可分为喷气飞机和螺旋桨飞机。简单说,固定翼飞机是相对于直升机来说的,区别在于,飞行时直升机是由旋翼产生升力,而固定翼飞机则是靠机身上的固定机翼产生升力。

自始至终参与南极科考固定翼飞机项目论证、实施的资深人员崔祥斌说,我国南极科考固定翼飞机项目的建设早在 2008 年就开始了,由中国极地研究中心负责推进。

为什么需要固定翼飞机?

第一,南极大陆面积约 1400 万平方千米,约相当于一个半中国的陆地面积,绝大部分被冰雪所覆盖。恶劣的自然环境意味着当地无法提供生存资源,几乎全部物资依赖外部输送。自南极考察开始以来,船舶一直是最主要的运输工具,但每年使用期只有南极夏季的两三个月。每年 4 月到 10 月南极冬季,海冰的边缘距离陆地可达上百千米,在此期间任何船只无法靠近南极大陆,各国考察站几乎处于与世隔绝的状态。

第二,随着全球气候变暖,南极的科学研究越来越受重视,但恶劣的自然条件导致从地面获取研究数据非常困难,且效率低、成本高。

第三,目前,我国在南极建设了长城、中山、昆仑、泰山 4 个科学考察站,分布在不同位置,范围非常广,彼此距离也很远。昆仑站距离泰山站约 700 千米,无人值守,距离常年有人值守的中山站 1200 多千米,距离长城站就更远了,非乘船难以到达。每年南极的度夏和越冬考察,难免会有一些突发事件,比如人员的伤病、考察过程中的紧急医疗救助等,各个站之间如此遥远的距离是处置这些突发事件的最大阻碍。

泰山站（金鑫淼 摄）

有了固定翼飞机，这些问题迎刃而解。固定翼飞机探测冰盖下的地形效率高、覆盖面广，可完成很多地面车辆无法完成的测量。为了钻取 1000 米以下的深冰芯，我国科考队员常常只能在夏季利用 20 天左右的时间通过雪地车行驶，抵达昆仑站开展作业。反观在类似地区使用固定翼飞机运输的国家，每年有效工作时间约 80 天，相当于我们的 4 倍。

固定翼飞机对南极科考的重要性不言而喻。

在当时，能够在极地运行的固定翼飞机一共不超过 10 种，其中 3 种是现役军用运输机，分别为美国的 C-130、C-17 以及俄罗斯的伊尔 -76 运输机。这 3 种飞机要么无法买到，要么要价不菲，而剩下的飞机要么维修成本过高，要么机身承载力不足以支撑科考要求。

看来看去，我国注意到了 C-47。这架飞机是标准的军用飞机，于 1944 年出厂，已经 70 多岁高龄。它在二战时参加过莱茵河战役、著名的诺曼底登陆，空投过盟军伞兵，也上演了被打成"筛子"依然平安返航的奇迹，可谓大名鼎鼎。最传奇的是，从出厂至今，它在美国、英国、巴西、以色列之间多次辗转。

之后，C-47 被巴斯勒涡轮公司收购，通过改装，更换了新一代的涡桨发动机，更名为 BT-67。"BT"是巴斯勒涡轮公司名字 Basler Turbo 的缩写，"67"是换装的加拿大普惠发动机型号。凭借超优良的空气动力学设计、新发动机，再加上简单易用、维护成本低的优势,这种飞机特别适合在极地区域运行。每到南极夏季,会有不少改装后的BT-67从北半球飞到南极。

我国在为中国极地考察选择第一架固定翼飞机的时候,自然不会错过这个经典机型。经过一系列科学论证,我国于2014年签署了这架价值近1亿人民币的飞机的购置合同,经过改装,将其更名为"雪鹰601"。

我国首架极地固定翼飞机"雪鹰601"(吴琼　摄)

## 内陆试飞

2015年秋,"雪鹰601"随中国第32次南极科考队远征南极。

11月15日,"雪鹰601"从加拿大起飞奔赴南极,参加中国第32次南极科考。11月23日,"雪鹰601"到达英国南极罗瑟拉科考站,11月26日,到达南极点。

等待到合适的窗口,"雪鹰601"从南极点起飞,又历经7小时46分钟的飞行,于中山站时间11月30日10时43分(北京时间13时43分)抵达中山站冰盖机场。

在中国第32次南极科考中,"雪鹰601"的首要任务是试飞。第一站,试飞泰山站。中山站时间12月22日10时35分(北京时间13时35分),"雪鹰601"在中山站附近的内陆冰盖机场起飞,经过1小时50分钟的飞行,成功降落520千米之外的泰山站。

**"雪鹰601"（吴琼 摄）**

"雪鹰601"第一次搭载并启用全部科考设备试飞，标志着我国在极地航空科学调查技术领域取得重大突破，达到国际先进水平。之后，它对格罗夫山区域展开科学调查试验。

第二站，试飞昆仑站。

昆仑站时间12月30日17时20分（北京时间12月30日20时20分），第32次南极考察队昆仑队28名队员先期驾驶雪地车安全抵达位于南极内陆冰盖冰穹A地区的中国南极昆仑站。

昆仑队抵达后的第一项任务即为整修机场、平整跑道，为我国首架极地固定翼飞机"雪鹰601"降落昆仑站做准备。

昆仑站时间2016年1月9日13时31分（北京时间2016年1月9日16时31分），我国首架极地固定翼飞机"雪鹰601"从中山站附近的内陆冰盖机场起飞，任务是飞越昆仑站上空。

经过4小时23分钟飞行，"雪鹰601"飞越昆仑站上空，盘旋调头，不落地加油，返回中山站。这次飞行持续航程2623千米，飞行了9小时4分钟，全面验证了飞机的动力系统、控制系统、续航能力和适应南极高原环境复杂条件的技术性能。同时，搭载的冰雷达系统、重力仪、磁力计等多套先进科学设备获得具有重大价值的科学数据，机载应急救援装备也全面达到标准并运行良好。

**"雪鹰601"腾空。（吴琼 摄）**

"雪鹰601"首飞南极,全面试飞成功,技术性能、机载科考调查装备、应急救援设备达到国际先进水平,机载测冰雷达、重力仪等部分设备达到国际领先水平,为我国南极事业发展提供了一个新的发展引擎,标志着我国南极考察开始迈入"航空时代",在完全飞行支持野外作业能力上达到世界先进水平,精度南极冰盖航空遥感观测走在了世界前列。

中国南极考察正在逐步从参与者变成引领者。

## 跨越1300千米的着陆

"雪鹰601"真正开始的"战斗",打响在2017年。

2017年1月8日一大早,距离我国南极中山站10千米外的内陆机场,"雪鹰601"静待起飞。将要亲历这次飞行的固定翼飞机作业队队长 —— 来自中国极地研究中心的郭井学一遍又一遍地对飞机携带的各种科考设备认真检查。

这不是一次普通的降落,着陆点昆仑站机场位于南极冰盖最高区域冰穹A,海拔超过4000米,气候条件异常恶劣。

冰穹A终年严寒,年均气温 –58.4℃,表层被厚达数米的松软积雪覆盖。即使"雪鹰601"曾飞越昆仑站上空,但若想降落在环境恶劣程度远超南极其他区域的地方,绝非一般难度。

为了保证顺利着陆,先期抵达昆仑站的中国第33次南极考察队员,用雪地车配合平整推斗等方式,压实了积雪,反复平整,快速建成了一条长约4000米的高海拔冰盖机场跑道。队员们还抓紧时间,用时速达100千米以上的雪地摩托进行跑道测试。

机组方面也精心计划着。除了起飞前对飞机性能、携带设备的再三检查,机组还决定,在飞往昆仑站的中途,在我国南极泰山站先降落一次,卸下油泵、油管等不必要的设备,最大限度减轻起降重量。

当地时间1月8日9时50分,伴随着发动机有力的声声轰鸣,"雪鹰601"腾空而起,向着1200多千米外的昆仑站飞翔。

"雪鹰601"离昆仑站越来越近了,但中山站的指挥中心却弥漫着紧张的气氛,考察队领导和队员们目不转睛地盯着监控屏幕。中国第33次考察队副领队、测试飞行现场总指挥张体军的体会是:度秒如年。

**"雪鹰601"飞临昆仑站。（胡正毅 摄）**

因为,他们只能在屏幕上看到飞机下降,无法确定是否安全着陆。

北京时间17时35分,当地时间14时35分,这架红白相间、尾翼喷绘着鲜艳五星红旗的固定翼飞机,在白色大陆划出一道优美的线,稳稳地降落了。

指挥中心一片欢腾,昆仑站上气氛热烈。

这是我国首架极地固定翼飞机"雪鹰601"从南纬69°的南极中山站,空中历经4个多小时,飞越1316千米的茫茫冰雪高原,成功抵达纬度达80°的南极冰盖之巅。

这是历史性的降落，全面开启了我国南极考察迈入"陆海空"立体考察的新纪元，在国际南极航空史上书写了浓墨重彩的一笔。

国际合作是固定翼飞机作业的特色。随着"雪鹰601"全面投入南极科考，除了完成我国的任务，与美国、澳大利亚、俄罗斯、英国、韩国、法国和意大利等国家也开展了密切合作。"雪鹰601"为澳方完成一定小时数的航空科考飞行，多个架次为美方运输人员飞行，为我国开展了钻探选址科研飞行……

南极上空，翱翔着中国雄"鹰"。

# 第三章　九天瞰海洋

假如你想去海滨度假，第一项准备要做什么？涂防晒霜？搜索旅游攻略？买一些漂亮衣服？我想，无论如何，应该先查看一下海洋预报。及时、准确的海洋预报，能让你心中更有底，玩起来更无忧无虑。

新中国成立以来，我国陆续在沿海建立了若干个海洋环境监测站，依靠人工观察和计算，开展海洋环境预报、海洋污染监测等工作。随着社会的发展，人们对准确的海洋灾害预报有了越来越多的需求。

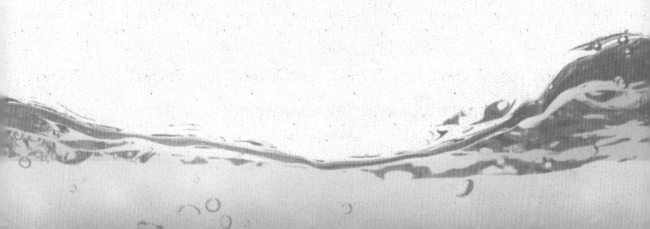

# 呼唤海洋卫星

## 海洋遥感提上日程

2018 年 8 月 5 日 15 时,从北京到青岛游玩的 8 岁双胞胎姐妹在黄岛区沙滩丢失。消息迅速传开,引发社会关注。

孩子走失,家人心急如焚。母亲发出寻人启事,第一时间报警求助,父亲连夜驱车从北京赶往青岛。

警方全力搜索。一边调取查看姐妹走失的海滩附近监控,一边在海上搜索,甚至潜入海底,启用了无人机,一边发动社会力量寻人。

2018 年 8 月 6 日下午,两名女孩的遗体被打捞上岸,经家属确认是失踪的双胞胎,法医鉴定为溺亡。

悲剧发生,人们在扼腕叹息之余,不禁对这起事件陷入深深的思考,对如何防范海边危险展开大讨论。讨论的焦点围绕如何了解更多的海洋常识,辨别潜在危险,及时预防、加强自我保护等几个方面展开。

对于两名女孩如何发生的溺亡,众说纷纭。有人说,大风导致的风暴增水和高潮位叠加,使近岸水位升高,致海水漫过沙滩卷走了孩子;有人说,是近岸波浪和地形共同作用,形成一股强劲的、从岸边冲向外海的水流(专业称裂流),把孩子从海滩突然带向外海;还有人说,是孩子不小心……

风暴增水(风暴潮)

总而言之,海边潜藏的危险越来越被公众重视。除了近岸水位升高和裂流,海边还有哪些危险?

有些礁石在落潮时露出水面,涨潮时被海水淹没。许多游客会在低潮时到礁石上游玩,当潮水上涨,礁石和沙滩的连接部分被海水切断,无法返回陆地上。

潮水涨落会形成潮流,近岸一般体现为沿岸流。在离沙滩一段距离的近岸海域速度较快,有些区域潮流流速可达1米/秒,这对于一个游泳健将也是一个不小的挑战,对于普通人更是构成了潜在危险。

威胁最大的就是海啸。它虽然极少发生,但破坏力极大,不可忽视。海啸形成的波动,会使海水急剧增高,形成一堵"水墙",淹没近岸人群和建筑。

多年从事波生流、海浪和风暴潮等近岸水动力研究工作的自然资源部北海预报中心高级工程师李锐建议,个人应加强对海浪、

高大的"水墙"

潮汐、海流等海洋基本现象的认知,增加海洋知识。要先看海洋预报,获取未来一段时间的海洋预警报信息,选择浪小、水温适宜、水质良好的时间去海边游玩。政府应加强对公众安全意识的普及,并加强海洋观测和预警报信息的分发渠道,通过网络、广播等多种渠道让游客了解滨海旅游基本常识和风险警示信息。

每年,台风、风暴潮、赤潮、浒苔等海洋灾害给沿海带来巨大损失,准确的海洋预警报必不可少。

如何做好海洋预警报?除了近岸监测,还需要借助的就是海洋卫星。

我国从20世纪70年代后期,通过购买美国陆地卫星资料和利用我国"尖兵"卫星资料开展海洋遥感应用研究,进行了胶州湾和舟山朱家尖等多次航空遥感试验。

1980年,国家海洋局参加了中科院和天津市组织的京津地区航空遥感试验,负责组织渤海湾航空遥感海面同步观测船只5艘。

"七五"时期,国家海洋局申请的海洋环境数值预报研究科技攻关项目获得批准,项目中安排了海洋遥感应用研究课题,在海冰观测、海洋石油污染观测、海岸带资源调查

等 3 个方面进行遥感应用研究,取得了较好的研究成果,积累了一些经验。

早在 1977 年就开始研制的"风云一号"气象卫星是中国研制的第一代极地轨道气象卫星。它可以探测昼夜的云图、地表图像、水体边界、冰雪覆盖和植被生长,用以获取全球性气象信息,向全世界气象卫星地面站发送气象资料。此外,"风云一号"气象卫星上还携带有空间粒子成分监测器,能研究空间环境。

"风云一号"气象卫星成功发射。

尤其特别的是,"风云一号"卫星装有一台拥有 5 个通道的扫描辐射计,两个空的通道可以配置海洋波段。

这意味着卫星在天上不但可以获得气象方面的资料,还能收集海洋信息,做到一星多用。

听到这个消息,国家海洋局第二海洋研究所遥感室的林守仁和潘德炉等非常高兴,立即开展研究,提出了增加两个海洋波段的具体意见。

1985 年 9 月,国家海洋局邀请有关方面的专家,在杭州召开论证会。会议认为,"风云一号"卫星增加两个海洋通道是可行的,符合一星多用的原则。在中国气象局的支持下,"风云一号"很快设置了遥感海洋要素的两个通道。

随后,在上海召开的"风云一号"气象卫星协调会上,经过专家论证,"两个海洋通道"顺利通过。航天专家任新民院士对国家海洋局的代表王建文说:"你们应该抓紧海洋卫星应用研究工作,把研制和发射海洋卫星列入国家航天技术发展规划。"

国家海洋局采纳了这个建议,抓紧研究海洋卫星应用,同时在位于杭州的国家海洋局第二海洋研究所建立了卫星地面接收站,为研究卫星遥感应用和发射海洋卫星做准备。

## 呼吁海洋卫星立项

1986 年 11 月 30 日,国家海洋局在北京召开海洋卫星研制座谈会。海洋卫星是不是必须发射?发射以后在哪些领域应用?有什么战略意义、必要性、可行性?参会人员探讨了这些方面的问题以及海洋卫星的基本使命、技术要求等，提出了研制海洋卫星的具体意见。

1987 年 1 月 25 日，王大珩院士、汪德昭院士等 26 名科学家联名向党中央、国务院写信，建议将研制和发射海洋卫星纳入国家航天技术发展计划，尽快发展我国海洋卫星技术。

国务院领导对此做了批示，提出具体要求。1988 年 10 月 26 日，国家海洋局、航空航天部、中科院、海军司令部向国家计委、国防科工委递交了《关于海洋卫星立项及开展预研工作的报告》，就我国发射卫星的必要性、经济效益、应用方案和使用要求、卫星的初步方案设想等内容做出详细阐述。报告还提出将海洋卫星纳入国家"八五"航天技术发展计划的建议。

遗憾的是，由于一些技术还不够成熟，资金投入过大，海洋卫星研制未被批准立项。这一拖就到了 1993 年。根据当时海洋事业发展的形势，国家海洋局再次启动海洋卫星研制的立项论证工作，并于次年 12 月将《发射系列海洋水色卫星的初步论证报告》等 4 个报告上报国家计委和国防科工委。

1995 年 9 月，国防科工委下达海洋水色卫星立项论证任务。1997 年 6 月 30 日，国防科工委批准国家海洋局和中国航天工业总公司"关于海洋水色卫星（海洋 1 号 A）立项的请示"。

国家海洋局成立了海洋卫星领导小组和海洋卫星总体部，由时任国家海洋局副局长杨文鹤担任组长，从国家海洋信息中心调过来的蒋兴伟任总体部主任。

与此同时，另一项重要任务 —— 卫星地面应用业务化系统的立项与建设也被提上日程。

一支平均年龄不到 35 岁的年轻队伍在蒋兴伟的带领下勇挑重担，完成了用户需求论证、卫星与载荷及与地面系统技术指标的确定，解决了大量技术难题。

为防止卫星地面系统带"病"运行，蒋兴伟与海洋卫星副总师刘建强、林明森和唐军武等一批科技人员，从检验、论证到试验、评审全过程精益求精，不放过任何可能出现的故障。

每到科研关键时刻，海洋卫星研究团队的骨干都会出现在设计、生产现场，商量解决重大问题，与签约厂家研究分析产品重点。他们建设了国际先进的水色遥感器海洋辐射校正与真实性检验的实验室，引进了高精度光学仪器绝对定标系统，使我国首次拥有了完整、可靠的水色卫星遥感基础实验数据获取的技术手段。

# 系列卫星

## 首颗海洋卫星发射

2002 年 5 月 15 日，山西太原卫星发射中心。

"3、2、1，发射。"

9 时 45 分，中国第一颗海洋卫星 —— 海洋水色卫星"海洋一号 A"搭载"长征四号"火箭成功发射升空，现场一片欢腾。从此，我国结束了没有海洋卫星的历史，标志着我国的海洋空间探测技术取得了重大进展。

然而，卫星入轨后出现了故障，没有按预先的设想运行。得知这个消息，蒋兴伟的心情十分沉重。当天下午 5 时，他赶到西安，直奔测控大厅，与测控部门、卫星研制部门专家一起会诊，商讨抢救卫星方案。直到凌晨，才把卫星抢救方案确定下来。

3 天后的 5 月 18 日，卫星姿态调整到位，开始正常工作，蒋兴伟悬着的心放了下来。

海洋卫星准备发射的时候，研究人员承受着巨大的压力。蒋兴伟"那段时间，白头发都多出了不少"。他最爱唱的歌有两首，一首是《敢问路在何方》，另一首是《少年壮志不言愁》。这两首歌带给蒋兴伟很多勇气，每当海洋卫星研制遇到困难时，鼓励他从未停止前进的脚步。

"海洋一号 A"卫星的成功发射，使我国进入了空间海洋遥感新时代，也使我国跻身于世界海洋观测强国之列。

**"海洋一号 A"卫星模拟图**

"海洋一号 A"卫星是我国第一颗用于海洋水色探测的试验型业务卫星，装载两台遥感器，一台是 10 波段的海洋水色扫描仪，另一台是 4 波段的海岸带成像仪。

这颗卫星主要用于观测海水光学特征、叶绿素浓度、海表温度、悬浮泥沙含量、可溶有机物和海洋污染物质，并兼顾观测浅海地形、海流特征和海面上大气气溶胶等要素，为海洋生物资源合理开发利用、沿岸海洋工程、河口港湾治理、海洋环境监测、环境保护和执法管理等提供科学依据和基础数据。目前，"海洋一号 A"卫星光荣退休，停止运行。

2007 年 4 月 11 日，"海洋一号 B"卫星从太原卫星发射中心升空。作为"海洋一号 A"卫星的后续星，"海洋一号 B"完成了我国海洋水色卫星从实验应用型向业务服务型的转变，标志着我国海洋卫星迈出了规模化发展的步伐。它与"海洋一号 A"卫星一样，载有 1 台 10 波段的海洋水色扫描仪和 1 台 4 波段的海岸带成像仪。

我国自行研制的"海洋一号 B"卫星在太原卫星发射中心发射升空。

"海洋一号 B"卫星在"海洋一号 A"卫星基础上研制，观测能力及探测精度进一步增强和提高，为海洋经济发展和国防建设服务。

"海洋一号"系列卫星数据产品主要包括海水叶绿素浓度、悬浮泥沙含量、海面温度、海冰、赤潮、绿潮、海洋初级生产力、大洋渔场环境和海岸带环境等遥感监测产品，在我国海洋资源开发及管理、海洋环境监测与预报、海洋防灾减灾及海洋科学研究等方面发挥了重要作用。

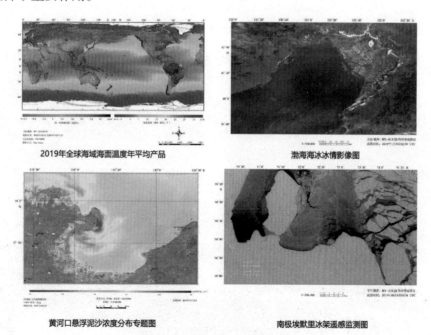

2019年全球海域海面温度年平均产品

渤海海冰冰情影像图

黄河口悬浮泥沙浓度分布专题图

南极埃默里冰架遥感监测图

"海洋一号"系列卫星应用产品

## 米级到厘米级的跨越

2007 年 1 月，国防科工委、财政部联合批准了我国第三颗海洋卫星 —— "海洋二号"卫星的立项研制。

经过 4 年多攻关，2011 年 8 月 16 日，"海洋二号 A"卫星成功发射。这是我国首颗海洋动力环境卫星，创造了我国遥感卫星领域首次实现厘米级高精度测定轨等多个第一，引起了广泛关注，标志着我国海洋系列卫星体系初步形成。

**"海洋二号 A"卫星发射。**

"海洋二号 A"卫星主要用于海洋动力环境观测，为海洋防灾减灾、海上交通运输、海洋工程和海洋科学研究等工作提供技术支持，在涉及海洋动力环境的海洋相关工作中发挥重要作用。譬如，在海洋环境预报中，"海洋二号"系列卫星可为海洋预报提供观测海域的风场、浪高等初始场数据，大大提高预报产品的精度和时效性。

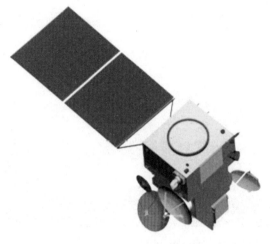

**"海洋二号 A"卫星模拟图**

与"海洋一号"卫星探测海洋水色信息采用可见光和红外谱段光学设备成像的手段相比,"海洋二号 A"卫星首次采用厘米级定轨精度和微波探测方式,实现了从米级到厘米级的跨越,大大提升了精度和准确率,可全天时、全天候获取宝贵的海洋动力环境数据,为我国海洋卫星观测开辟一个崭新的领域。它的产品主要包括海面风场、海面高度、有效波高、海面温度等,能够直接实测灾害性海况数据,为我国海洋防灾减灾、海洋环境预报、海洋资源开发、海洋安全保障和海洋事务国际合作等提供支撑服务。

作为我国海洋卫星用户的牵头单位,国家卫星海洋应用中心建成了包括北京、三亚、牡丹江地面站在内的海洋卫星地面应用系统,实现了业务化运行,其利用"海洋一号"系列卫星和"海洋二号"系列卫星获取的遥感数据,业务化处理制作各级各类数据产品,向广大用户提供数据产品分发服务,并建立了以海洋卫星资料为主的海温、海冰、绿潮、溢油和海洋渔业环境监测等卫星遥感业务化系统,充分发挥了海洋卫星的经济效益和社会效益。

有需要应用"海洋二号"系列卫星数据的国内用户单位,可以在国家卫星海洋应用中心官网注册下载,或通过 FPT 下载、专线报送、离线分发等形式获取数据。国家卫星海洋应用中心尽可能地满足国内用户的海洋卫星数据需求,最大限度地推动我国海洋卫星数据的应用。国家卫星海洋应用中心还加强了与国外用户的合作与交流,推广"海洋二号"系列卫星的数据应用。

## "高分三号"填空白

2016 年 8 月 10 日 6 时 55 分,我国在太原卫星发射中心用"长征四号"丙型运载火箭成功将"高分三号"卫星送入预定轨道。

"高分三号"卫星工程是我国国家科技重大专项"高分辨率对地观测系统重大专项"中首批启动的项目之一,包括卫星系统、运载火箭系统、测控系统、发射场系统、地面系统和应用系统。

"高分三号"卫星采用中国航天科技集团空间技术研究院先进的遥感卫星平台,配置了先进的多极化合成孔径雷达载荷,是我国首颗 C 频段多极化合成孔径雷达卫星,最高分辨率优于 1 米,填补了我国自主高分辨率多极化合成孔径雷达遥感数据的空白。发射后,它运行在太阳同步地球轨道上,

我国在太原卫星发射中心用"长征四号"丙运载火箭成功将"高分三号"卫星发射升空。

应用于海域环境监测、海洋目标监视、海域使用管理、海洋权益维护和防灾减灾等方面,持续不断地为我国国民经济建设提供高质量的 SAR 图像数据支撑服务。

"高分三号"卫星具备 12 种成像模式,涵盖传统的条带成像模式、扫描成像模式、面向海洋应用的波成像模式和全球观测成像模式,是目前世界上成像模式最多的合成孔径雷达卫星。1 米的分辨率是同类卫星中分辨率最高的。从太空看地球,1 米的分辨率在陆地上可以看到小汽车,在海上可以看到小游艇。

同时,"高分三号"卫星成像幅宽大,与高空间分辨率优势相结合,既能实现大范围普查,也能详查特定区域,可满足不同用户对不同目标成像的需求。它是我国首颗设计使用寿命 8 年的低轨遥感卫星,比此前发射的低轨道卫星设计寿命延长了 3 年。长寿命卫星能为用户提供长时间稳定的数据支撑服务,大幅提升了卫星系统效能。

"高分三号"有多牛?相对于其他光学遥感"高分"系列卫星,"高分三号"采用相控阵雷达成像卫星微波遥感技术,不管白天或黑夜,也不管晴空或雷雨多云,都可以随时对地成像。"高分三号"卫星不仅能全天候、全天时实现全球海洋和陆地信息的监视监测,还能通过左右姿态调整扩大对地观测范围和提升快速响应能力,其获取的 C 频段多极化微波遥感信息,可服务于我国海洋、减灾、水利、气象等多个行业及业务部门。

据统计,我国约 70% 的灾害是地震、洪涝和泥石流等造成的,而以往我国仅能使用国外微波遥感成像卫星提供的高分辨率图像数据。"高分三号"卫星工程的用户涵盖了

国内各类应用部门,各行业迫切需要高质量、连续稳定的合成孔径雷达图像,以替代目前大量进口的国外卫星数据。

"高分三号"卫星综合技术指标达到国际同类卫星水平。比如成像模式可以满足不同用户不同的任务需求;在成像质量方面不仅可以提供1米分辨率图像,也可以提供10米量级和百米量级分辨率图像。

"高分三号"可以为海洋事业发展做什么?

在海洋权益维护方面,"高分三号"卫星获取的海岛礁人工设施、海上船舶、海上油气平台监视数据,可为海洋权益维护提供信息服务和辅助决策支持。

**"高分三号"卫星天津影像**

在海洋防灾减灾及应对海上重大环境事件方面,"高分三号"卫星提供我国临近海域的风暴潮、热带气旋、海冰、海面溢油、绿潮信息,可为灾害监测和评估、应对重大环境事件提供地理空间信息支持。

在海洋动力环境监测方面,"高分三号"卫星通过获取高分辨率海浪、海面风场、浅海水下地形、中尺度涡和锋面数据,能够为全球海洋动力环境研究提供支撑,为沿海核电站、海外重大工程论证和运行提供海洋环境监测保障。

在海岸带综合管理与海域使用管理方面,"高分三号"卫星通过获取海岸变迁、海岸带地质与生态环境、海岸人工设施、海域使用功能区划等监测数据,能够为海岸带综合管理与海域使用管理提供重要的客观依据。

极地环境变化与全球环境和气候变化有着密切联系,极地航道对于我国经济发展、极地科考都具有重要意义,"高分三号"卫星可以对极地环境进行监测,为船舶极地航行提供重要保障。

# "海洋一号 C" 升空

2018 年 9 月 7 日 11 时 15 分，太原卫星发射中心成功将"海洋一号 C"卫星用"长征二号"丙运载火箭送入预定轨道。这是"海洋一号"系列的第 3 颗卫星，也是我国民用空间基础设施"十二五"任务中 4 颗海洋业务卫星的首发星，开启了我国自然资源卫星陆海统筹发展的新时代。

**搭载"海洋一号 C"卫星的"长征二号"丙运载火箭升空。**

值得一提的是，在此次任务中，由太原卫星发射中心科技人员自主研发的"航天发射指挥信息系统"成功用于实战。这标志着我国实现了指挥系统的软硬件国产化和芯片级自主可控。

负责该项目的指挥控制室主任马树林称:"自主研发的指挥系统不仅完全满足任务需求,在数据融合和多任务处理上还具有明显优势,有了自己的芯片,执行任务底气更足了。"

"海洋一号C"卫星是我国海洋水色卫星业务星,为全球大洋水色水温环境业务化监测,为我国近海海域、海岛与全球重点区域海岸带资源环境调查、海洋防灾减灾、海洋资源可持续利用、海洋生态预警与环境保护及气象、农业、水利等行业提供数据服务。

"海洋一号C"卫星配置了海洋水色水温扫描仪、海岸带成像仪、紫外成像仪、星上定标光谱仪、船舶自动识别系统,五大载荷显神通,与"海洋一号A"卫星和"海洋一号B"卫星相比,观测精度、观测范围均有大幅提升。

海岸带成像仪

星上定标光谱仪

总体来说,"海洋一号C"卫星大幅提高了我国海洋综合调查效率,助力海洋预报及预警,整体提升海洋防灾减灾能力,为全球海洋科学技术发展做出重大贡献。

# 走向国际

## 中法"混血"海洋卫星

2018年10月29日，中法海洋卫星在酒泉卫星发射中心发射成功。国家主席习近平当天同法国总统马克龙互致贺电，祝贺中法海洋卫星发射成功。

习近平在贺电中指出，航天合作是中法全面战略伙伴关系的重要内容。中法海洋卫星成功发射是两国航天合作最新成果，将在全球海洋环境监测、防灾减灾、应对气候变化等领域发挥重要作用。中方高度重视中法关系，愿同法方一道努力，推动深化两国各领域交流合作，推动紧密持久的中法全面战略伙伴关系不断迈向更高水平，更好造福两国和两国人民。

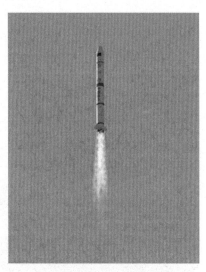

中法海洋卫星成功发射。

马克龙在贺电中表示，中法海洋卫星成功发射标志着两国航天合作迈出重要一步。该项目凝聚着两国航天机构和科研人员的辛勤努力，再次体现了法中两国推动国际社会共同应对气候变化挑战的积极意愿。航天合作是法中战略合作的重要组成部分，法方愿同中方一道，继续深化两国在航天和应对气候变化领域的交流合作。

人们称中法海洋卫星为"混血"海洋卫星。它为什么叫海洋卫星？又有什么特殊本领引起两国元首的关注？

俗话说，"无风不起浪"，"无风三尺浪"。这说明海面上风与浪的关系不简单。海风和海浪历来是海洋科学家非常关注的问题，也因其复杂多变而成为研究难点。为此，中法两国携手，经过13年的合作，最终成功研发了这颗专门观测海洋的卫星。

双方科学家攻坚克难，在卫星上创新集成了两台新型微波雷达。中方研制的叫微波散射计，法方研制的叫海洋波谱仪。

法国总统马克龙参观中法海洋卫星工程。

将这两台仪器装在一个卫星上并非易事，最大的难题就是两个仪器间会互相干扰。为了解决这个难题，在研制过程中，双方科学家前后开展 5 次实验，最终使两个仪器以最佳的组合为人类服务。中法海洋卫星的特点如下：

一个是数据共享。中法双方共同研制了卫星的 X 谱段数传分系统，负责接收微波散射计和海洋波谱仪传来的遥感数据，并根据情况智能化选择编码存储或直接将数据传回地面接收站。卫星上的固态存储器采用了分区设计，双方可分别使用，互不干扰。地面设有多个接收站，接收站收到卫星数据后，再发到位于中国和法国的数据中心处理，整个流程不超过 3 小时。探测数据由双方共享，并可供世界各国科学家、海洋环境预报员使用。

另一个是风浪同测。卫星在探测海风时，微波散射计会向海面发射微波信号，其中有一部分信号会被起伏的海浪反射回卫星。卫星上的仪器通过数学模型反演计算，即可得到风的强度。风的方向则需要多次测量后才能确定。为此，科学家们在卫星的微波散射计上安装了一个能够转动的天线，借助卫星在轨道上的移动对一个区域进行多次探测，最终可确定风向。

再说测海浪。法国研发的海洋波谱仪可以对海浪的高度和幅度进行探测。微波遥感观测不受天气、光照等条件干扰，即便有云层覆盖，也可以穿透探测，因而可以全天时、全天候不间断地提供数据。

中法海洋卫星在距海面 520 千米的空中 24 小时工作，同时、同地获取海风和海浪的观测数据，非常有利于提高人们对巨浪、海洋热带风暴、风暴潮等预报的精度与时效，为海上船舶航行提供实况信息，帮助船舶安全航行和优化航线。

此外，它还能观测陆地表面，获取土壤水分、粗糙度和极地冰盖等相关数据，为全球气候变化研究提供基础信息。

另外，就是永不停电。海洋卫星一旦上天，需要持续观测海洋环境，电能供应尤为重要。中法海洋卫星的两个核心雷达均为"高耗电品"，每个载荷功耗 200 瓦，加起来就是 400 瓦，没有充足的电量，难以连续有效地工作。为此，科学家们专门研发了特殊的热控及供电技术，为卫星观测海洋提供了足够的电能，实现了永不停电。

中法海洋卫星有哪些技术创新？

其一，中法海洋卫星装载有两台新型体制的微波雷达。中方研制的新型微波散射计能够对海面风速和风向进行高精度观测，该仪器在国际上首次采用扇形旋转扫描波束体制，可同步获取海面多方位角组合观测数据，降低数据处理复杂度，提高海面风场反演精度。法方研制的海洋波谱仪可以获得海浪有效波高、海浪波向、海浪波速等海浪波谱物理量的测量。这是世界上首次将两种载荷装载在一个卫星平台上协同工作，互为补充，能够进一步提高海洋动力环境观测精度，为海上作业等提供有力保障。

其二，中法双方各自建立地面应用系统。法方地面接收站由加拿大依诺维克站、瑞典基律纳站组成，中方地面站由自然资源部国家卫星海洋应用中心的北京站、牡丹江站、海南站组成。

其三，中法双方各自建立任务中心，共同开展研制与应用工作，以获取海面风场、海浪等海洋动力环境参数。

卫星发射升空后，中法海洋卫星首席科学家、在轨测试工作组组长刘建强每天都关注着中法海洋卫星。卫星入轨后，经过 3 次轨道调整，随后进行了单载波测试。测试结果表明，卫星与配置的各地面接收站通道畅通。2018 年 11 月 1 日，卫星扇形波束旋转扫描微波散射计和海洋波谱仪先后开机，经过短暂高效的平台测试与仪器参数调整，分别于 11 月 2 日和 3 日开始向地面下传实测数据。双方地面系统工作人员对数据做了实时处理，得到了全球海面风场、海浪谱等海洋动力环境参数，并生产出初级产品。

2018 年第 28 号台风"万宜"在西北太平洋洋面生成，中法海洋卫星第一时间捕捉到台风形态特征、中心位置，获取到台风行进路线及移动速度，为相关部门分析判读及预报提供了决策依据。

中法海洋卫星在轨运行 1 个月后，我国获取了首批海洋动力环境数据。中法双方科学家确认，卫星上装载的两个微波载荷获取的海面风场与海洋波浪谱等海洋动力环境参数结果与真实海况基本一致。

## 在实践中跃升

"十二五"以来，我国自主研制发射的"海洋二号 A""高分三号"卫星稳定运行，并获取大量数据，应用成果显著，国际影响大幅提升，同时还有 8 颗海洋卫星立项在研，即将形成全球海洋水色、海洋动力环境观测和海洋监视监测能力。基于海洋卫星的海冰、赤潮、渔场环境、绿潮、水质、溢油、海温、海岛海岸带等遥感业务监测系统已基本实现业务化服务，海洋遥感已成为我国近海海洋综合调查与评价、全球海气相互作用和极地科考等专项中的重要调查手段，海洋监测能力和海洋管理现代化水平得到有效提升。

2017 年，从事 20 多年海洋卫星工作的蒋兴伟当选中国工程院院士。他最感到欣慰的是，我国海洋卫星已从单一型号发展到多种型谱，已从试验应用转向业务服务，正沿着系列化、业务化的方向快速迈进，在海洋权益维护、海洋开发管理、海洋环境保护、海洋防灾减灾和海洋科学研究等领域的作用日益凸显。主要有以下几个方面：

一是监测海冰。海冰是我国北方海区冬季的主要海洋灾害之一。依托自主海洋卫星结合国内外其他遥感卫星数据，我国开发完成了卫星遥感海冰灾害监测平台。

二是监测绿潮。2008 年，青岛近海的绿潮（浒苔）灾害直接危及青岛奥帆赛的举行。从 2008 年起，卫星中心针对中国近海可能产生灾害的绿潮暴发情况连续监视监测，目前已建立起联合监测会商机制，监测结果实时提供给预报机构和沿海相关部门，为我国近海海洋生态防治等提供了有效信息。

三是应急观测。2017 年 12 月 6 日，"雪龙"船第 3 次被冰区围困，国家卫星海洋应用中心立即组织调度"高分三号"等遥感卫星开展应急观测。北京时间 12 月 7 日 22 时，"雪龙"船接收到一组遥感数据，最终依此从冰区突围。

2018 年 1 月，巴拿马籍油船"桑吉"轮发生碰撞事故，爆炸后又发生大面积海上溢油。卫星中心立即启动遥感应急监视程序，并利用"高分三号"卫星监测漏油位置和规模，跟踪监测事故周边海面溢油情况，快速获取到"桑吉"轮附近海域的溢油信息。通过对卫星数据的分析，结合海洋环境信息，发布监测报告，为现场处置提供了决策依据。

此外，作为海洋卫星的重要组成部分，海洋卫星地面应用系统是连接卫星与用户之间的桥梁，是卫星应用价值的直接体现，也是卫星能否发挥作用的关键所在。我国建设海洋卫星地面应用系统的定位是，建成天地协调、布局合理、功能完善、产品丰富、信息共享、服务高效的国家级海洋卫星地面应用系统。

2001 年，在没有现成可套搬的模式和现成系统可借鉴的条件下，我国建成了"海洋一号 A"卫星地面应用系统，达到了业务化、可靠、稳定运行的预期目标。这一系统的建设与运行，填补了我国在该领域的空白，为我国海洋卫星与卫星海洋应用事业的发展打下了坚实的基础。随着海洋卫星的发展，相关科研人员在原有地面应用系统的基础上改扩建，建成了同时满足"海洋一号 B""海洋二号 A"卫星任务需求、具有多星运行调度功能的海洋卫星地面应用系统。

经过多年发展与建设，海洋卫星地面应用系统在地域上形成了数据处理中心和北京、海南、牡丹江、杭州以及"雪龙"船卫星地面站"多站一中心"的布局，为我国海洋事业提供了稳定的卫星数据源支持。从系统功能角度上，按照功能、性能优化组合和实际业务的需要，将地面应用系统设计为接收预处理、精密定轨、资料处理、产品存档与分发、辐射校正与真实性检验、运控通信和业务应用 7 个分系统。

仰望苍穹，星空灿烂。未来，我国海洋卫星将从单颗卫星发展为星座式组网运行，研制与发射海洋水色卫星星座、海洋动力卫星星座和海洋监视监测卫星 3 个系列海洋卫星，实现同时在轨组网运行、协同观测，形成对全球海域多要素、多尺度和高分辨率信息的连续观测覆盖能力。

海洋水色卫星星座是以全球海洋的叶绿素浓度、悬浮泥沙、可溶性有机物等海洋水色信息，以及海表温度、海雾、赤潮、突发事件和海岸带动态变化信息等为观测目标，研制发射海洋水色业务卫星和海洋水色科研卫星，形成上、下午双星组网，大幅宽、高精度、高时效的观测能力，具备全球水色水温探测覆盖能力，完成海洋水色卫星的升级换代。

海洋动力卫星星座是以全球海面高度、海表温度、海表盐度、海洋重力场等海洋动力环境要素为观测目标，以形成全球全天时、全天候、高频次、高时效的观测能力。届时由 1 颗极轨卫星和 2 颗倾斜轨道卫星构建的 3 星海洋动力环境监测网，将有效提升观测能力，实现中尺度海洋动力现象的观测和 6 小时全球海面风场的观测，为用户提供高时空分辨率海洋动力环境信息。

海洋监视监测卫星是对全球船舶、岛礁、海上构筑物、海冰、海上溢油等海面目标，以及海面风场、海浪方向谱、海底地形等海洋现象和地形特征进行大范围、高精度、高时效的监视监测，同时开展高轨海洋与海岸带监视监测卫星及载荷的关键技术预研。发射后与"高分三号"卫星形成 3 星组网运行。

同时，我国还将以全球海洋盐度、海表温度、十壤湿度为观测目标，瞄准国际前沿，研制和发射我国第一颗海洋盐度探测科研卫星，形成我国自主的空间海洋盐度探测能力，进一步完善我国自主卫星对海洋动力环境全要素信息的获取能力。

我国将基本建成系列化的海洋卫星观测体系、业务化的地面基础设施和定量化的应用服务体系，具备对全球海域、重要岛礁和关键海峡通道连续稳定观测和监测能力，拓展国家、海区和省市 3 级卫星海洋应用与服务体系，数据实现实时 / 近实时共享，海洋行业卫星数据应用产品自给率达 80%，产品定量化水平、服务海洋能力大幅度提升。

在海洋事故爆发时，在海洋预报需要时，在海洋环境监测时，太空中那些海洋卫星，将是最好的"千里眼""顺风耳"。

# 后 记

2018 年 6 月 12 日，习近平总书记在山东考察时，来到青岛海洋科学与技术试点国家实验室，了解实验室研究重大前沿科学问题、系统布局和自主研发海洋高端装备、推进海洋军民融合等情况后，深情地说："建设海洋强国，我一直有这样一个信念。"

总书记的这句话打动了所有海洋工作者。于是，多方经过反复沟通、探讨，就形成了本书系。

本书系一共有 4 本:《驶向深蓝·纵横九万里》以船舶为主线，主要介绍我国大洋、极地科考以及海洋卫星的发展历程;《挺进深海·潜航一万米》以潜水器为主线，主要介绍载人潜水器、无人潜水器及水下机器人的研发历程;《耕海牧渔·奋楫千重浪》主要以海洋渔业为主线，介绍我国海洋养殖、捕捞业的发展历程;《定海神针·决战新要地》以海洋经济发展为主线，介绍我国跨海大桥、港口、海水淡化、海洋资源开发、海洋生物医药等发展情况。

本书系系统讲述了我国海洋领域具有代表性的重大装备的发展历程、创新技术、科学原理、背后故事、重要成果，如同一幅波澜壮阔的蓝色画卷，徐徐展开。

为了保证事实准确、数据可靠，我们得到了自然资源部所属的国家海洋局极地考察办公室、中国大洋协会办公室、北海局、东海局、南海局，海洋一所、二所、三所、淡化所，国家卫星海洋应用中心、国家深海基地管理中心、中国极地中心以及天津大学、中科院沈阳自动化所、大连海洋大学等有关专家的支持和帮助，纠正了一些错误，并得到了大量历史图片。在此，我们深表感谢。

建设海洋强国是近代百余年来无数有识之士所期盼的，更需要一代又一代人前赴后继地为之奋斗，让过去有海无防、有海无权、落后挨打、割地赔款的耻辱彻底成为历史。

站在海边远眺，波浪一层一层地由近及远，直抵天际。辽阔的海天之间，蕴藏着力量、神秘、恐惧、梦想和远方。

心若在，梦就在；海洋强，则国强。实现中华民族伟大复兴的中国梦，建设海洋强国必不可少。

谨以本书系献给那些"愿乘长风，破万里浪"和"直挂云帆济沧海"的勇士们。


（备注：2018 年 3 月，根据第十三届全国人民代表大会第一次会议批准的国务院机构改革方案，国家海洋局的职责整合，组建了中华人民共和国自然资源部，自然资源部对外保留国家海洋局牌子。为了叙述方便和更加尊重事实，本丛书涉及的部分机构名称保留了原来的名字。为了避免给读者造成误解，特此说明。）

**图书在版编目（CIP）数据**

驶向深蓝·纵横九万里 / 赵建东编著. —青岛：青岛出版社，2021.6
ISBN 978-7-5552-8543-4

Ⅰ.①驶⋯　Ⅱ.①赵⋯　Ⅲ.①海洋工程—研究—中国　Ⅳ.①P75

中国版本图书馆CIP数据核字（2019）第191100号

SHIXIANG SHENLAN·ZONGHENG JIUWAN LI

| | | |
|---|---|---|
| 书　　名 | 驶向深蓝·纵横九万里 | |
| 作　　者 | 赵建东 | |
| 出版发行 | 青岛出版社（青岛市海尔路182号，266061） | |
| 本社网址 | http://www.qdpub.com | |
| 策划编辑 | 张性阳　宋来鹏 | |
| 责任编辑 | 宋来鹏　谢欣冉 | |
| 照　　排 | 青岛出版社教育设计制作中心 | |
| 印　　刷 | 三河市紫恒印装有限公司 | |
| 出版日期 | 2024年1月第2版　2024年1月第2次印刷 | |
| 开　　本 | 16开（787mm×1092mm） | |
| 印　　张 | 9 | |
| 字　　数 | 150千 | |
| 书　　号 | ISBN 978-7-5552-8543-4 | |
| 定　　价 | 59.00元 | |

编校印装质量、盗版监督服务电话：4006532017　0532-68068050